AF461793

ECOLE
D'AGRICULTURE.

ECOLE

D'AGRICULTURE.

Sola res rustica, quæ sine dubitatione proxima & quasi consanguinea sapientiæ est, tam discentibus eget, quàm Magistris. Colum. de Re rust. lib. 1. ch. 1.

A PARIS,

Chez les Freres ESTIENNE, Libraires, rue S. Jacques, à la Vertu.

M. DCC. LIX.

Avec Approbation & Privilege du Roi.

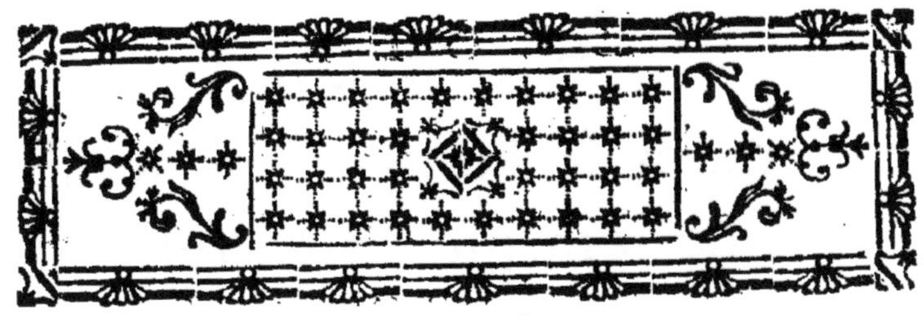

ÉCOLE D'AGRICULTURE.

RIEN n'eſt plus humiliant pour l'humanité, que la contradiction qu'on remarque entre les opinions & les actions des hommes. Il eſt rare qu'ils ſe trompent ſur ce qui les intéreſſe; & même plus l'intérêt eſt prochain, moins l'eſprit eſt ſujet à des mépriſes. Mais nous ne méritons d'éloges que du côté des ſpéculations & du jugement. Dès qu'il s'agit de mettre la main à l'œuvre, il semble qu'une létargie universelle frape & engourdisse nos bras.

L'on a dit cent fois (1) que l'Agriculture est le soutien des Etats, la base du commerce & de l'aisance. Vérités si vulgaires, qu'on les oublie aisément pour courir après des objets plus brillans & moins solides. Il importe cependant d'avoir toujours devant les yeux ce principe simple, mais universel, que la terre bien ou mal employée, & les travaux des sujets bien ou mal dirigés, décident de la richesse ou de l'indigence des Etats.

Qu'on dise que l'*Agriculture*

---

(1) Avertissement de l'Essai sur la police des Grains, *Pag.* xv.

eſt le premier de tous les Arts ; que c'eſt le plus important ; qu'il eſt la ſource de tous les autres ; on doit s'attendre à la même réponſe de la part de tout homme qui penſe & qui connoît les principes d'un bon gouvernement. *La culture des terres*, dira-t-il, *eſt le plus grand des biens*, (1) *& les loix qui la protégent & l'augmentent, les plus ſages des loix*. Elle fournit à notre ſubſiſtance ; elle livre aux Arts tout ce qu'exigent nos vêtemens, nos commodités, notre luxe, & le commerce puiſe dans la même ſource les moyens de nous procurer ce que la nature refuſe à

(1) Avantages & déſavantages de la France & de la Grande Bretagne. *Pag*. 100.

nos climats. Ainsi *encourager* (1) *l'Agriculture, c'est s'occuper du bien le plus précieux de l'Etat.*

Des personnes qui semblent ne s'occuper que des finances, mais trop éclairées pour ne pas en connoître l'aliment, tiennent le même langage. Un bon gouvernement (2) *doit protéger par préférence le laboureur & l'homme d'industrie, parce que ce sont eux qui font toute la richesse de l'Etat & qui le font fleurir.... La culture de la terre & l'industrie sont l'origine & les principes de toutes les richesses dont*

(1) Remarques sur plusieurs branches de commerce & de navigation. *Pag.* 34.

(2) Réflexions politiques sur les finances, par M. Dutot. *Tom.* 2. *pag.* 155. & 293.

jouissent les hommes, & par conséquent les deux seuls objets sur lesquels roulent les finances.

Nous ..... regardons (1) *la culture des terres, comme le fondement solide de l'industrie & du commerce. C'est par-là que nous établissons nos richesses fondamentales ... L'Agriculture doit être chez nous le premier objet du commerce. Elle ne peut être négligée sans des pertes irréparables.*

Je ne connois aucun ouvrage écrit par un citoyen, où je ne trouve des traits de cette espéce. L'extrait que j'en pourrois faire formeroit un gros volume. J'aurai plus d'une occasion de citer

(1) Examen du livre intitulé, Réflexions politiques. *Tom.* 2, p. 341 & 343.

quelques maximes précieuses que ces Ecrivains regardent avec raison comme les fondemens du bonheur public. (1)

---

(1) *Je n'ai pas prétendu*, dit l'Ami des hommes, *démontrer que l'Agriculture est un Art naissant, la chose parle assez de soi. J'ai voulu dire seulement, que si parmi nous l'autorité tournoit sa protection sur cette partie, elle trouveroit la carriére neuve encore.*

Cette réflexion, qui n'est que trop vraie, m'a fait penser que si on faisoit un Recueil de tout ce que des gens de bien on dit de l'Agriculture, dans des livres où ils ne traitent pas spécifiquement de cet Art, mais où ils cherchent seulement à indiquer par occasion les sources de la félicité publique, on seroit tout étonné de voir tant d'honnêtes gens, de si bons esprits, se réunir sur un objet si important, si négligé. Peut-être que cet étonnement produiroit quelque fruit. Ce Recueil seroit plus généralement utile que les Catalectes, Sentences & Extraits des Anciens, qu'on a tant multipliés à la renaissance des Lettres. Comme je ne puis donner ce Recueil & que j'en suis fâché, j'espére qu'on me pardonnera mes citations. Elles feront plus d'impression que tout ce que je pourrois dire.

Mais tandis que de bons esprits publient ces maximes, & qu'elles sont adoptées par les lecteurs de tout ordre, on ne peut jetter un coup d'œil sur le travail de la Nation, sans être étonné de le voir contredire des principes si universellement reçus. Nous ne pouvons nous cacher qu'en France, on s'est beaucoup plus occupé de Manufactures & de Fabriques de toute espéce, que de la culture des terres. Cette derniére partie a été abandonnée aux préjugés & à la routine du Laboureur. On a accumulé les encouragemens & les récompenses sur les Manufacturiers, tandis qu'on a surchargé le Laboureur de découragemens & d'impôts, qui lui enlévent les moyens de ſoutenir la culture la plus triviale. Enſorte qu'on a tourné tous ſes ſoins, toute ſon attention à faire fructifier les branches, ſans ſonger un inſtant à fortifier des racines dont le déſéchement entraîneroit la ruine de l'arbre entier.

C'eſt un reproche que fait très- juſtement à M. Colbert, un Auteur qui joint à des connoiſſances très-approfondies ſur le bien public, un jugement exquis & une impartialité qui n'eſt que trop rare. » En exa» minant (1) les dépenſes conſi-

(1) Recherches & conſidérations ſur les Finances de France, *Tom. premier*, *pag.* 294 & 297.

» dérables que fit ce Miniſtre, » très-grand d'ailleurs, pour » établir une navigation, des » Manufactures, un commerce » actif; la ſollicitude qu'il avoit » pour les intérêts des Négo- » cians, & le peu de ſolidité » qu'acquirent tous ces établiſſe- » mens, qui diſparurent preſque » après lui; on eſt tenté de » croire que la Nation n'étoit » pas propre au commerce. L'ex- » périence des vieux tems & celle » de notre ſiécle démontre ce- » pendant le contraire. La force » de notre poſition, de nos avan- » tages, de nos diſpoſitions, l'a » emporté ſur les mauvaiſes loix. » Comment réſoudre cependant » ce problême politique? Il eſt

» aisé d'y parvenir, si l'on part » de cette maxime, que l'*Agri-* » *culture est la base de tout com-* » *merce*, (1) *que dès-lors du* » *progrès de l'une, dépend tou-* » *jours le progrès de l'autre* .... » Si l'Agriculture n'eût pas été » *accablée* en même tems que les » Manufactures & les Colonies » recevoient des faveurs, *tout* » *eût été dans l'ordre naturel*. La

(1) Dans l'instruction pour la teinture du 18 Mars 1671, dressé par ordre de M. Colbert, il y a soixante-deux articles qui entrent dans tous les détails, alors connus, de la culture des drogues propres à teindre que fournit le Royaume. (*V. le Recueil des Réglemens de Manufactures* In-4°. *tom.* 1. *pag.* 496.) On trouve *ibidem*, *Tom* 3, *pag.* 185, un Arrêt du Conseil portant réglement pour la culture & l'aprêt du Pastel, & qui entre en effet dans de très-grands détails sur cette culture. On ne connoît point d'instructions fournies par le Gouvernement, ni d'Arrêts du Conseil pour la culture des Bleds.

» partie *essentielle* fleuriroit, & » les *autres* en seroient plus *avan-* » *cées*, parce qu'elles en au- » roient reçu plus d'hommes su- » rabondans. Quoique M. Col- » bert *eût embrassé sur les grains* » *un systême destructif du labou-* » *rage*, il seroit injuste d'impu- » ter en entier à ses opérations, le » principe de la dépopulation » des campagnes. Car il eut l'at- » tention d'y diminuer considé- » rablement les impositions; de » retrancher les priviléges abu- » sifs; & c'est une partie dans » laquelle il n'a point été imité, » non plus que dans les encou- » ragemens qu'il donna à la » nourriture du bétail, *qui doit* » *faire le fonds de l'Agriculture*,

» *comme l'Agriculture est la base*
» *du commerce en France.* (1)

---

(1) Ces principes sont universellement reconnus dans tous les pays où l'on a réfléchi sur les causes de la puissance & de la prospérité des Etats. Voici ce que je trouve dans la Lettre 42, sur l'Etat politique de l'Angleterre, *pag.* 375. » La quantité des toiles marquées pour la vente en Ecosse depuis le » premier Novembre 1756 jusqu'au même » jour en 1757, s'est montée à 9, 764, » 408 verges, estimées 415,111 livres 9 sols » sterling, (9, 547, 563 livres 7 sols tour- » nois,) l'accroissement sur l'année précé- » dente est d'un million 217, 255 verges, » dont la valeur se monte à 33, 789 livres 8 » sols sterling, (777, 156 livres 4 sols tour- » nois.)

Dans la Lettre 43. *pag.* 2. un Ecrivain Anglois parlant de l'Etat du Royaume d'Ecosse, dit: » Toute l'industrie des Irlandois n'a point » empêché la manufacture de toile d'Ecosse » de devenir en quatorze ans, cent fois plus » considérable qu'elle n'étoit auparavant. « Bien des gens croiroient devoir en conclure, que l'esprit de commerce dont les Ecossois sont animés, doit produire les effets les plus avantageux. » Mais je ferai remarquer, con- » tinue le même Ecrivain, qu'il est très-dou- » teux, & même *impossible* que cela arrive,

Ces

Ces maximes rapprochées de notre conduite sont la plus forte démonstration, que notre maniére de juger & d'agir sont en contradiction. Aujourd'hui, il est aussi vrai qu'autrefois, que l'Agriculture qui est le plus ferme appui des Arts, (1) du commerce & par conséquent de la Monarchie, est presque sans

» par la raison que cet esprit universel du » commerce, a détourné malheureusement les » Ecossois de leur application à un art, qui » est la base principale du Commerce & des » Manufactures, je veux dire *la culture & » l'amélioration des terres.*

(1) Il faut que soit dans l'administration, soit dans la législation, il y ait un vice caché, un mal intérieur qui arrête les progrès du commerce. On pourroit trouver le principe de ce mal dans la trop grande préférence qu'on a donné en France aux Fabriques sur l'*Agriculture.*

Consid. sur le Commerce, Compagnies, & Maîtrises, *pag.* 4.

appui. Ainſi il devient néceſſaire de répéter mille & mille fois cette vérité triviale, que tout, & notre exiſtence elle-même, dépend de la culture des terres : qu'au lieu de l'abandonner au hazard, tandis que nous nous occupons d'Arts, de Manufactures, de Commerce, il faudroit donner une attention marquée & principale aux progrès de cet Art, le premier, le plus fécond de tous les Arts. Depuis près d'un ſiécle que tous nos ſoins ſe ſont dirigés vers l'induſtrie, l'Agriculture a dépéri & dépérit de jour en jour. (1)

(1) Par des ſupputations auſſi exactes qu'il eſt poſſible, on s'eſt aſſuré que, toute déduction faite des terrains conſacrés à d'autres uſages que la culture des bleds, il reſtoit

Qu'on s'attache à la rendre florissante, ce sera le plus puissant véhicule pour les Fabriques & pour le Commerce. Les récompenses & les encouragemens accordés aux Manufactures, ne tombent que sur un petit nombre de particuliers. L'abondance des matiéres premiéres fera naî-

assez de terres en France pour nourrir vingt-huit millions d'hommes. Tout le monde sait que notre population n'est pas à beaucoup près si considérable. Cependant les produits de notre Agriculture ne suffisent pas pour nourrir les habitans du Royaume. Qu'en conclure? Qu'il y a au moins la moitié des terres qui attendent qu'on les défriche, & que nous ne tirons pas de celles que nous cultivons, tout ce qu'elles pourroient nous rendre. L'Auteur des avantages & des désavantages de la France & de la Grande-Bretagne, assure que dans les cinq années de 1746 à 1750, la France a tiré d'Angleterre pour dix millions quatre cens soixante-cinq mille livres de grains, presque tout de froment.

tre une aiſance qui s'étendra ſur toute la Nation. Les Manufactures ſe multiplieront ſans être perpétuellement étayées par des penſions, des gratifications, des avances, qui ſeront toujours des charges ſupportées par cette partie du peuple laborieuſe & indigente qui eſt ſans protection.

Il faut cependant avouer que quoique les préjugés attachés à une longue ignorance, ſoient de tous les obſtacles le plus difficile à vaincre, il commence à ſe répandre parmi nous des idées ſaines ſur l'Agriculture. . . . (1) Nous ne manquons ni d'ouvra-

(1) Recherches & conſidérations ſur les Finances de France, *Tom. premier, pag.* 3.

ges politiques, ni de détails œconomiques. C'eſt un grand pas vers le but qu'il ſeroit ſi intéreſſant d'atteindre. Je regarde les obſtacles qui nous en ont écartés juſqu'ici, comme ſucceſſifs plutôt que comme invincibles; ainſi je ſuis perſuadé que nos beſoins nous forçant à entrer enfin dans cette carriére, nous ne manquerons ni de lumiéres, ni de perſévérance pour la fournir.

Il faudroit avoir fermé ſon cœur à tout ſentiment d'humanité, pour lire avec indifférence les inſtructions qui ont été publiées depuis quelques années, ſur l'Agriculture, ſur le Commerce & ſur la Politique. Elles ont mis ſous nos yeux les cauſes de la richeſſe de nos voiſins, & par conſéquent celles de notre miſére. Ce ne ſont pas des Laboureurs, des Bourgeois de campagne qui nous exhortent à étendre notre Agriculture. On pourroit les ſoupçonner de vanter la ſeule choſe qu'ils connoiſſent. Ce ſont des Politiques accoutumés à calculer les forces des Etats. Ce ſont enfin des Citoyens inſtruits, c'eſt-à-dire, des hommes très-précieux & très-rares.

Les gens de bien ſe ſont réjouis d'entendre ce cri général qui appelle l'Agriculture dans le Royaume. Ils ont ſenti qu'en la favoriſant, la France, déja ſi puiſſante, & qui n'éprouvera d'échecs que lorſqu'elle ne voudra, ou ne ſaura pas profiter de ſes avantages, deviendroit la plus puiſſante & la plus opulente Monarchie de l'Univers. Mais un retour ſur notre ſituation préſente, eſt bien propre à rallentir les mouvemens d'une joie ſi naturelle. Notre Agriculture a beſoin d'être étendue & perfectionnée. C'eſt la mere des Arts, du Commerce, & par conſéquent le principe de l'aiſance & de la population. En un mot c'eſt la baſe de la puiſſance, de la richeſſe des Etats. Mais par quels moyens ſortira-t-elle de la langueur & du diſcrédit où elle eſt tombée, peu s'en faut que je ne dise, où nous l'avons jettée? Les livres n'instruisent qu'un très-petit nombre de Lecteurs. Ce petit nombre est presque tout composé de citoyens spéculatifs, qui voyent nos maux & qui en gémissent; qui connoissent le bien, mais que leurs emplois, leur santé, leurs habitudes, éloignent des soins pratiques qui feroient fructifier leurs lumiéres. Quelques personnes ont fait des observations, des expériences; elles ont publié des procédés, des résultats; travaux respectables dignes d'une reconnoissance éternelle, mais malheureusement infructueux pour l'Etat, quoiqu'entrepris & soutenus pour son utilité. Les bons

Livres

Livres ne ſont lûs que par de bons citoyens ; c'eſt aſſez dire qu'ils ont peu de lecteurs. Ces lecteurs eux-mêmes, comme je l'ai dit, ſont rarement cultivateurs. A peine compteroit-on dans le Royaume cinquante perſonnes, qui, en matiére d'Agriculture, joigniſſent l'*exemple* aux préceptes. Or cinquante cultivateurs diſparoiſſent dans une ſi grande Monarchie, comme s'ils n'y exiſtoient pas. Des exemples ſi peu nombreux ne peuvent faire ſenſation que dans de petits territoires. A l'égard des préceptes ils ſont peut-être trop étendus. Par cette raiſon ils ſont perdus pour la multitude; & c'eſt la multitude qu'il faut éclairer. Il n'exiſte pas un ſeul Fermier dans le Royaume qui ait lû le Traité de la *culture des terres* de M. Duhamel, les *prairies artificielles* de M. de la Salle, l'*Eſſai ſur l'amélioration des terres* de M. Patullo, & les autres ouvrages que l'eſprit de Patriotiſme a fait publier. Il eſt donc aſſez difficile de ſe promettre beaucoup de fruit des exemples qu'on pourroit citer & des livres qu'on imprime. Il ſemble que toute eſpérance nous ſoit enlevée, & que nous ſoyons voués à être témoins de la ſtérilité qui augmente de jour en jour.

Un événement très-inattendu & digne par ſon importance de

devenir une époque principale dans la Monarchie, doit nous rassurer. Les Etats de Bretagne viennent de ranimer les espérances de tous les patriotes, en formant le plus sage, le plus estimable de tous les établissemens. Je parle de cette Société d'*Agriculture, de Commerce & des Arts* annoncée par quelques exemplaires des délibérations de cette Province qui se sont répandus à Paris, & par les éloges qu'on en trouve dans les Journaux. La Bretagne est divisée en neuf Evêchés. Les Etats ont nommé six Commissaires dans chaque Ville Episcopale, chargés de s'assembler réguliérement pour s'occuper de tout ce qui a rapport aux trois objets de leu institution. L'examen *des cause. de la décadence de l'Agriculture & des moyens de la ranimer*, leu a été recommandé. La Capitale est désignée comme le centre où doivent se réunir toute les observations, & de là se répandre dans le public par de Mémoires imprimés. Les Etat ont porté leurs vûes plus loin Ils ont donné des prix, ils on donné des encouragemens & des récompenses à toutes le branches qu'ils désirent particuliérement de voir prospérer enfin, pour me servir des expressions d'un étranger plus clair voyant que nous sur nos besoins & sur la facilité de les fair disparoître, (1) » les Etats de » Bretagne viennent de faire un » établissement d'un genre supé» rieur ..... capable de chan» ger la face de cette Province, » & peut-être dans la suite de » tout le Royaume, soit *qu'il* » *s'y en fasse de semblables à son* » *exemple*, ou qu'on y profite » seulement des lumiéres qu'on » en verra infailliblement sor» tir.

Nous serions bien insensibles au bonheur de la Nation, si nous attendions que les lumiéres de la *Société de Bretagne*, vinssent nous éclairer sur notre Agriculture. Chaque Province

(1) Essai sur l'amélioration des terres, par M. Pattullo Gentilhomme Ecossois. *Pag*. 268.

a un sol, des usages & des besoins différens. Il faut donc nous hâter de faire, pour nous-mêmes, les études que de respectables citoyens font pour la Bretagne leur patrie. Cette Province aura l'honneur d'avoir donné le ton à la France entiére, sur l'objet le plus essentiel. Elle a ouvert la carriére, elle y marchera, sans doute, d'un pas plus ferme & plus rapide que les Provinces qui ne feront que l'imiter. Mais, il n'est peut-être pas impossible de la suivre de très-près. Elle n'est encore qu'au premier pas; (1) sa marche sera nécessai-

(1) La derniére délibération des Etats de Bretagne qui regarde cette Société est du 15 Février 1757.

rement lente, parce que de grands progrès en Agriculture, demandent plusieurs années de recherches, de soins, & surtout d'*exemples*. On peut en juger par l'Angleterre, l'Ecosse & l'Irlande. Mais, en profitant dès-à présent de l'invitation que fait la Bretagne à tout le Royaume, nous ne tarderons pas à jouir des premiers fruits de son travail & du nôtre.

Je sais que toutes les Provinces n'ont pas les mêmes avantages qu'un pays d'Etats, pour des établissemens de cette espéce. La régie des Intendances, & une régie municipale, sont les choses du monde les plus dissemblables. D'ailleurs on ne peut ſe diſſimuler, que l'eſprit de Patriotiſme ne ſoit plus répandu & n'ait plus de nerf dans les pays qui ſont chargés de leur propre adminiſtration, que dans les pays d'Elections. Auſſi eſt-ce en Languedoc que les Manufactures ſe ſont le plus multipliées & ont le plus proſpéré : auſſi eſt-ce en Bretagne qu'a été conçu & exécuté le projet ineſtimable d'une eſpéce d'Académie (1)

(2) « Toutes les Provinces de France, » jalouſes de la Capitale, ont érigé des Aca» démies..... l'ambition d'être admis dans » ces Académies, ou d'y être couronné, » fait naître une infinité d'Ecrivains qui ſont » enlevés à *l'Agriculture, aux Arts utiles &* » *au Commerce* ... Pluſieurs d'entre tous ces » Ecrivains euſſent peut-être mieux labou» ré la terre, mieux fabriqué du papier, qu'ils » ne font des livres, & ſûrement euſſent été » plus utiles à l'Etat .... parmi tant d'Aca» démiciens, ſi libéralement répandus par

nouvelle, dont les lumiéres doivent procurer individuellement le bien de chaque particulier,

---

» toute la France, *le Commerce*, *les Arts* » *méchaniques*, *l'Agriculture*, dont les détails » sont si étendus, n'ont point mérité d'avoir » leur Académie.« C'est ainsi ques'exprime le Citoyen zélé à qui nous devons les *avantages & les désavantages de la France & de la Grande-Bretagne*, pag. 49. & suiv. La Société de Bretagne répond exactement à ce qu'il eût voulu substituer aux Académies de Province. Son institution a pour objet les trois matiéres dont il étoit occupé, *l'Agriculture*, *les Arts & le Commerce*. Les autres chassent, pour ainsi dire, les bons sujets de leur pays. Toute leur ambition est de venir montrer à Paris des talens qu'ils ont cru supérieurs, parce qu'ils ont été applaudis dans leur province. Des Sociétés d'Agriculture, loin de contribuer à ces émigrations de prétendus beaux esprits, serviroient à les retenir dans leur patrie, où ils pourroient être d'une plus grande utilité, en y exerçant plus leur jugement que leur esprit. Leur travail formeroit des citoyens, en excitant l'émulation. Ce seroit un bien infini que d'employer ce moyen si simple d'ouvrir les yeux à beaucoup de personnes sur nos besoins, de réveiller & de nourrir en elles le désir d'être utiles aux autres.

& collectivement l'aisance & la gloire de l'Etat. Cependant, il n'est pas impossible de détourner, dans les pays d'Elections, au moins un petit rameau de ces grandes sources qui arrosent les pays d'Etats. Nous ne pouvons pas tant ; mais nous ne sommes pas dans une entiére impuissance. Et peut-être nos succès iront-ils bien au-delà de ce que nous oserions espérer aujourd'hui.

C'est ici l'occasion de donner à M. Dodard, Intendant de Berry (1), à M. de la Galaisiére, In-

(1) M. Dodard n'a épargné ni soins personnels, ni dépenses, ni encouragemens, pour exciter la culture du chanvre dans sa Généralité, & pour accréditer des préparations capables de l'égaler au plus beau lin. Il a obtenu des récompenses du Gouvernement pour ceux qui en perfectionneront la filature.

tendant de Lorraine, & à M. de Brou, Intendant de Rouen, les justes éloges que méritent leur zéle pour le soulagement du Peuple & l'encouragement de ses travaux. Rien ne seroit plus glorieux pour MM. les Intendans (1), que de donner de semblables exemples, & j'ose dire

---

M. de la Galaisiére a exempté de la Milice, par une ordonnance, les chartiers & fils de fermiers, à raison des charrues que leur emploi exige.

M. Feydau de Brou, par une ordonnance du 15 Novembre 1757, a accordé aux habitans de la campagne qui entretiennent des mouches à miel, une diminution sur leur capitation proportionnée au nombre de ruches qu'ils auront chaque année. Ceux qui en auront 45, outre le privilége d'être taxés d'office à la taille, auront 20 francs de diminution sur leur capitation.

(1) Le plus habile Agriculteur & le Protecteur le plus éclairé de l'Agriculture sont, toutes autres choses étant égales, les deux premiers hommes de la Société. *L'ami des hommes, partie 1. pag. 72.*

qu'ils feroient plus de bien encore en favorisant l'établissement des Sociétés d'Agriculture dans leurs Généralités. C'est le bien de l'Etat, (1) c'est celui du peuple, c'est une source d'honneur & de gloire pour les Magistrats qui les auront créées. Et pour ne rien omettre des avantages qui en résulteroient, ce seroit un soulagement immense pour le travail de MM. les Intendans, qu'une Compagnie qui prendroit celle de Bretagne pour modéle; puisque c'est une

---

(1) Le Prince & le Ministre (Henri IV. & Sully) avoient également pour maxime que le labourage & le pâturage, sont les deux mamelles dont la France tire sa nourriture.

Recherches & considérations sur les finances de France. Tom. 1. pag. 36.

maxime inconteſtable que (1) de bonnes finances ne peuvent être que le produit d'un Commerce fondé ſur une Agriculture floriſſante.

Cette Société n'a point encore rendu compte au Public du plan de travail qu'elle s'eſt formé. Il ne ſeroit même pas étonnant que dans une adminiſtration auſſi nouvelle parmi nous, elle s'occupât encore du choix, & qu'elle attendît une collection de matériaux aſſez ample pour être en état de déterminer plus ſûrement la route qu'elle doit tenir. Si ſon plan nous étoit connu, nous ne pourrions mieux faire que de le ſuivre en entier,

(1) *Ibidem*, *Tom. 1. pag. 3.*

à moins que la différence d'un pays d'Etats, à des pays d'Elections, n'obligeât à y faire quelques changemens. Privés de ce secours, on nous pardonnera peut-être de communiquer quelques idées qu'a fait naître l'amour du bien public; & dont l'exécution sûrement utile, ne paroît renfermer que des difficultés aisées à surmonter.

Je n'ignore pas que *le plus grand nombre des hommes* (1) *semble plutôt exercé à proposer des difficultés, qu'à produire des expédiens meilleurs & plus favorables à l'humanité. Il faut beaucoup de droiture dans le cœur & dans*

(1) Recherches & considérations sur les finances de France, *Tom. 1. pag. 6.*

l'esprit pour ne faire que des changemens utiles au plan d'autrui. Mais je ſais auſſi que les Magiſtrats, chargés du régime économique des Provinces, chercheront dans ce projet ce qui peut être utile, & ne voudront y ajouter que ce qui peut en aſſurer le ſuccès. Ainſi j'oſe le propoſer avec la confiance d'un citoyen qui n'eſt animé que par l'amour le plus pur pour ſa patrie, & qui ſe croiroit trop heureux ſi ſon projet (1) ſervoit

(2) Ceci n'eſt proprement un projet que rélativement aux moyens d'exécution. L'Auteur des avantages & déſavantages de la France & de la Grande-Bretagne ; celui de l'Eſſai ſur la Police des Grains ; celui des intérêts de la France mal entendus ; celui de l'Eſſai ſur l'amélioratton des terres, & pluſieurs autres que je pourrois citer, ont propoſé l'inſtitution de Corps uniquement oc-

à en faire naître de meilleurs.

J'ose donc proposer à toutes les personnes qui réunissent du crédit & de l'amour pour le bien public, de faire tous leurs efforts pour obtenir, dans leur Généralité, l'établissement d'une société d'*Agriculture*. (1) Par-tout où elle sera florissante, les Arts naîtront & se perfectionneront d'eux-mêmes, & le Commerce ouvrira tout naturellement les routes qui lui seront nécessaires. C'est donc à l'Agriculture qu'il faut singu-

---

cupés de l'augmentation & de l'amélioration de l'*Agriculture* dans le Royaume.

(1) Il faut des Chefs pour conduire les bras hors des routines ordinaires, où la pauvreté circonscrit l'industrie de nos cultivateurs *Recherches & considérations sur les finances*, *Tom. 1. pag. 390.*

lièrement

liérement s'attacher ; c'eſt le germe fécond de toute richeſſe ; c'eſt du ſein de notre mere commune (1) que les hommes tirent tout ce qui fournit à leurs beſoins ; c'eſt la terre qui enfante & qui entretient les objets de leur induſtrie ; c'eſt dans les campagnes que ſe trouve la force phyſique des Etats & la ſource des revenus publics & particuliers. L'Agriculture eſt donc la baſe la plus ſolide des néceſſités, des commodités, de la richeſſe & de la puiſſance. La négliger c'eſt laiſſer affoiblir un Etat.

Chaque Province ayant ſes

(2) Eſſai ſur la Police des Grains, *pag.* 304.

ufages & des différences fenfibles dans l'ordre de l'adminiftration, il feroit difficile, pour ne pas dire impoffible, d'établir toutes les Sociétés d'Agriculture fur un même plan. Mais il femble qu'on ne doit s'écarter que le moins qu'on pourra de celui qu'ont tracé les Etats de Bretagne. On peut juger, par la convenance des parties, qu'il eft le fruit de folides méditations, & qu'il a été dicté par un amour du bien public auffi vif qu'éclairé. Il feroit donc effentiel de nommer quelques affociés dans les grandes villes, & même dans toutes celles qui font un peu confidérables : de leur donner pour centre de correspondance, le chef-lieu de la Généralité. Tous les citoyens qu'on auroit jugé dignes d'entrer dans des corps si respectables, ne pourroient manquer de répondre par leurs soins, leurs observations, & surtout par leurs *exemples*, à la distinction honorable qu'on leur auroit accordée. Cet établissement devenant général, placeroit à la tête de l'Agriculture du Royaume (1) plus de mille citoyens, dispersés, mais

(1) M. de Vauban pag. 18. de la Dixme Royale fixe l'étendue du Royaume à 30 mille lieues quarrées. La Bretagne mesurée sur la carte des Triangles de M. de Cassini, en contient près de 1600. Ainsi en supposant le nombre d'associés pour l'Agriculture dans le Royaume, proportionnel à celui qu'ont fixé les Etats de cette Province, il iroit à près de 1200.

de proche en proche, occupés de l'encourager, de la perfectionner, & de faire naître de nouvelles branches de culture.

Ces Sociétés ſont d'une néceſſité indiſpenſable, ſi on veut aſſurer les ſuccès & les rendre rapides. (1) Les inſtructions & même les exemples que four-

(1) Un ſimple particulier a eu aſſez de courage pour conſacrer (en 1753) ſes revenus & ſes travaux à l'inſtitution d'une Académie d'Agriculture à Florence. A Gottingen dans l'Electorat d'Hanovre, le Roi Georges a fondé en 1751 une ſociété de Sciences qui donne tous les ſix mois un prix pour une queſtion Economique. Quels ſuccès ne doit-on pas attendre de ces nouveaux Etabliſſemens, quand on voit ceux de pluſieurs Sociétés qui ſe ſont formées dans l'Ecoſſe & dans l'Irlande pour encourager la Culture & les Arts Méchaniques. (Police des Grains pag. 381.) Ajoutons à cette obſervation ce que dit M. Pattullo, *Les Etats de Bretagne viennent de faire un établiſſement d'un genre ſupérieur, &c.*

nissent les particuliers les plus instruits, ne rassurent pas le public contre les pertes qu'il craint d'essuyer, en abandonnant ses routines. Les Corps en imposent davantage. D'ailleurs, il faut avouer que la défiance, je ne dis pas du simple Laboureur, mais des cultivateurs qui seroient propres à le diriger, n'est pas toujours sans fondement.

Les *maisons rustiques*, mélange perpétuel de pratiques avantageuses, de conseils inutiles & souvent nuisibles, sont entre les mains de tout le monde. L'incertitude des succès annoncés, fait envisager chaque démarche comme une expérience; & très peu de personnes sont en état & dans le goût d'expérimenter. Le Traité de M. Duhamel ſur *la culture des terres*, ouvrage excellent en lui-même, qui eſt le germe de tous ceux qui ont été donnés depuis, & ſans lequel on n'eût peut-être ſongé à ranimer l'Agriculture que lorſqu'elle eût été dans un dépériſſement irrémédiable ; ce Traité, dis-je, tout excellent qu'il eſt, n'écarte pas à beaucoup près, toutes les inquiétudes. Il eſt compoſé des propres obſervations de cet Académicien & de celles de ſes correſpondans. Ces derniers ne s'accordent pas toujours entr'eux ſur le réſultat d'une même expérience. Qu'en conclure ?

Que ces expériences ont été faites avec trop peu de ſoins, ou de lumiéres ? A Dieu ne plaiſe qu'on nous ſoupçonne de chercher à nous dégager de la reconnoiſſance dûe à des Patriotes ſi laborieux, ſi bienfaiſans ; mais on nous permettra dumoins d'attribuer à la différence du ſol ſur lequel chacun d'eux travaille, celle qui ſe remarque dans leurs réſultats.

A cet inconvénient s'en joint un autre qui eſt plus conſidérable qu'on ne le croiroit d'abord. Il faut être accoutumé à cultiver ſoi-même, & à conſulter les ouvrages qu'on croit devoir prendre pour guides, pour ſentir à quel point il éloigne les progrès de l'Agriculture. C'eſt le différent ſens que les Ecrivains attachent au même mot. Chaque pays a des termes qui, bons ou mauvais, ſont généralement reçus. Ils ſuffiſent au cultivateur; mais ils ſont ou inconnus, ou pris ſous une autre acception dans d'autres provinces. Voilà une ſource intariſſable de mépriſes. (1)

---

(1) Je citerai pour exemple la maniére d'indiquer la nature des terres propres à telle ou telle culture. Un Ecrivain oppoſe les *terrains fertiles* aux terres légéres. V. *le journal Œconomique. Janvier 1758. pag* 24.

L'Auteur de l'eſſai ſur l'amélioration des terres, regarde comme ſynonimes les mots *terre franche* & *terreau.*

Les uns nomment *terre graſſe*, celle qui eſt bien ameublie par les labours & amandée par les engrais. D'autres nomment *terre graſſe*, celle qui eſt viſqueuſe, argilleuſe & qui ſe paitrit aiſément, &c.

Tout

Tout le monde ſait d'ailleurs que ce qui convient dans une Province, ne conviendroit pas toujours dans une autre : qu'il y a même des Provinces dont les terrains ſont propres à des cultures auſſi différentes que s'ils étoient fort éloignés les uns des autres. J'ajouterai qu'il eſt partout néceſſaire d'entrer, juſqu'à un certain point, dans les habitudes, & même dans les fantaiſies des payſans. C'eſt le ſeul moyen de ruiner en détail, des préjugés qu'il eſt impoſſible de renverſer par un ſeul effort. Or ces habitudes, ces fantaiſies varient à l'infini, & ſouvent dans l'eſpace d'une lieue. Ce ſeroit donc poursuivre une chimère que d'entreprendre un Traité d'Agriculture générale sur les observations d'un petit nombre de personnes placées à de grandes distances. Un très-bon citoyen & très-habile homme, avoit proposé à l'auteur d'un ouvrage qui a fait du bruit l'année passée, de faire une sorte d'instruction abrégée & simple d'Agriculture pour des gens de la campagne. Il lui répondit qu'il en faudroit une différente pour chaque canton, chaque village, chaque hameau. (1)

(1) Avertissement au devant des questions imprimées à la suite de l'Ami des hommes, *pag. 2.*

M. Duhamel a mieux ſenti cette vérité que perſonne : auſſi a-t-il multiplié ſes correſpondances autant qu'il a pu. Il ne publie rien ſans inviter à lui en procurer de nouvelles. Tant de vigilance eſt digne de la reconnoiſſance de la Nation. Mais le ſuccès ne peut venir que de la Nation elle-même. Un particulier ne peut connoître tous les beſoins, tous les maux, tous les remédes. Il n'y a que des Corps diſperſés qui puiſſent épuiſer une matiére ſi vaſte, ſi diverſifiée. On doit donc ſe hâter de profiter des vûes profondes des Etats de Bretagne, en formant dans chaque Généralité une ſociété d'Agriculture. C'eſt le moyen unique d'accroître nos richesses. (1)

Le chef-lieu de chaque Généralité étant le centre où se réuniroient toutes les lumiéres de détail, il en sortiroit des instructions d'autant plus utiles, d'autant plus propres à donner de la confiance, qu'elles naîtroient d'expériences faites dans le pays,

---

(1) L'Agriculture, cet Art par excellence, qui peut se passer de tous les autres, tandis qu'aucun d'eux ne sauroit exister sans lui, l'Agriculture, dis-je, est encore dans son enfance. Les premiers hommes de chaque société, l'ont tous honorée : les seconds se sont, pour ainsi dire, hâtés de la négliger. La Fable du chien, qui laisse le corps pour courir après l'ombre, a toujours dépeint l'humanité en général. *Eh! Quel art mérita jamais d'être étudié & perfectionné avec plus de soin?*

L'Ami des hommes premiére partie pag. 8. de l'Edition *in*-4°.

& pour ainſi dire, ſous les yeux de ceux qui devroient en profiter.

Chaque Société répéteroit dans ſon territoire les expériences qui ont été publiées par des Cultivateurs connus. On n'auroit point à craindre qu'elles fuſſent trop multipliées. On jetteroit les yeux, ſans doute, ſur des perſonnes capables de diſtinguer ce qui mérite d'être expérimenté, de ce qui ne tient qu'à des recettes puériles, ou à des routines barbares qui contrediſent les principes de la Phyſique les plus inconteſtables. Il n'arriveroit pas auſſi qu'on fît des eſſais ſur les oliviers en Picardie, & ſur les pommiers en Languedoc. Chaque Province perfectionneroit ce qu'elle poſſéde, & ne feroit d'eſſais que ſur les productions analogues. Ainſi tout ſerviroit à encourager, rien ne porteroit au découragement (1).

Dans une opération de cette

(1) Si quelque choſe eſt propre à décourager, c'eſt aſſurément le défaut de concert entre les Obſervateurs. On a déja parlé de l'embarras qui en réſulte, lorſqu'on lit attentivement le Traité de la culture des terres. D'un autre côté l'Encyclopédie au mot *Froment*, tom. 7. p. 336. n'approuve pas la nouvelle culture ſi fort recommandée par M. Duhamel, par M. de Chateauvieux, & appuyée ſur des expériences qui paroiſſent ſi déciſives. Certainement tous ces Obſervateurs ſont d'honnêtes gens, tendent au même but, & diſent la vérité. Mais comme des vérités contradictoires ne peuvent ſubſiſter, on peut ſoupçonner de l'erreur, de l'oubli, du dégoût, &c. peut-être même excès de culture, ou trop grande ſupériorité de terroir de part ou d'autre. C'eſt donc une néceſſité de faire des expériences pour chaque Province, & de ne ſuivre que des exemples tirés d'un terrain qu'on ſait être ſemblable à celui qu'on veut fertiliſer.

importance pour l'Etat, il doit être permis à un citoyen de dire ſans déguiſement ce qu'il penſe. Les Aſſociés de Bretagne ne ſeront pas offenſés ſans doute, d'une défiance qui ſemble ne devoir tomber que ſur eux, puiſqu'ils ſont les ſeuls dans le Royaume, qui ayent le bonheur d'être chargés de rendre à leur patrie un ſervice qui intéreſſe l'humanité entiére. Perſuadé de leurs lumiéres, ce n'eſt pas eux que j'enviſage. Ce ſont les perſonnes qui pourroient être chargées de les imiter dans nos pays d'Elections.

Il ſeroit indiſpenſable que le ſoin des expériences fût confié aux différentes Sociétés. Mille

& mille raiſons prouvent la néceſſité de cet arrangement (2). Il ſeroit trop ridicule de mettre la totalité de chaque Province en expérience. Quelqu'affoiblie que ſoit notre Agriculture, nous cultivons, il ne s'agit que de cultiver mieux & plus. Or les lumiéres dans ce genre doivent partir d'un centre, & d'un centre digne de la confiance du Public. Il

(2) » Le ſoin d'inſtruire le Public des travaux qu'on a ſuivis en ſecret, mais avec » fidélité, ne ſuffit pas pour attirer ſa con- » fiance, ſur-tout ſi ces travaux ont un obje » eſſentiel & *tendent à détruire des préjugés*... » Les hommes .... demandent que les fait » qu'on leur offre ſe ſoient paſſés au grand » jour ; ils exigent *des témoignages frappans* » & déſirent que le plaiſir d'apprendre une » découverte utile ne ſoit pas altéré par la » crainte d'adopter une erreur.

Précis des Expériences faites par ordr du Roi à Trianon..... par M. Tillet pag. 3.

ſeroit donc à ſouhaiter que chaque Société en corps fût garant dans ſa Province des expériences qu'elle auroit faites & des inſtructions qu'elle publieroit.

Le premier plan qui ſe préſente à l'eſprit, eſt de diſtribuer à chaque Membre une partie des expériences que la Société en commun auroit jugées utiles & néceſſaires. Mais cette diſtribution ne feroit naître que des obſervations ſolitaires. Elles pourroient être dignes de la plus grande confiance du Public, & ne la pas obtenir.

Il n'eſt pas poſſible de ſe flatter que tout un pays s'en rapporte aveuglément à ce qui n'a été vû que par un ſeul homme.

Quelque confiance que duſſent mériter les Aſſociés qui ſeroient choiſis, ils ſeroient hommes, & le défaut le plus inſéparable de l'humanité eſt l'eſprit ſyſtématique. Il pourroit donc arriver que des Membres, dans chaque Société, adoptaſſent certains ſyſtêmes avec trop de penchant. Le fruit le plus ordinaire & le plus dangereux des adoptions ſyſtématiques, eſt de fermer les yeux ſur la marche vraie de la nature. Chacun cherche à la ramener à ſes opinions, même lorſqu'elle les contredit avec le plus de clarté & de perſévérance.

Il ſeroit donc néceſſaire pour écarter tout ſoupçon, toute inquiétude de la part du Public, que les essais, les épreuves, les expériences fussent dirigées par un Corps; parce qu'il est plus difficile & par conséquent plus rare, qu'un Corps adopte ce qui n'est que systématique & de pure opinion. Si quelques Membres s'obstinoient malgré l'avis du Corps à suivre des idées différentes, ou opposées, le Public ne pourroit qu'y gagner. Une opinion discutée & contredite, ne peut avoir de suites dangereuses. La vérité prend toujours le dessus. La discussion peut même conduire à des vérités nouvelles qui ont besoin d'être pressées pour se montrer.

On demandera sans doute, par quel moyen on pourroit faire faire des expériences en commun & dirigées par un Corps. Cette difficulté n'arrêtera point ceux qui ſont perſuadés comme moi, que Meſſieurs les Intendans connoîtront toute l'importance de l'établiſſement formé par les Etats de Bretagne.

Pour donner la derniére main aux établiſſemens que je propoſe, & les faire marcher rapidement vers la perfection, il faudroit affermer à une, ou tout au plus à deux lieues de la capitale, pour neuf ou même pour dix-huit ans, une terre conſiſtant en domaines, du revenu de 1200 ou 1500 liv. par an. La manutention de cette terre ſeroit entiérement entre les mains de la Société. Ce ſeroit cette Compagnie qui régleroit tout ce qu'on feroit pour s'aſſurer du plus grand produit poſſible des Cultures.

On pourroit croire qu'il ſeroit plus avantageux encore d'accorder un terrain ſemblable, ou du moins un terrain quelconque, quoique plus petit, à chaque ville particuliére qui auroit un Bureau de Société. Mais ſi la dépenſe eſt propre à éloigner de prendre ce parti, le bien public à qui tout doit être ſacrifié, y met encore un obſtacle plus puiſſant. Chaque Bureau pourroit être envisagé à cet égard comme un particulier. L'eſprit ſyſtématique pourroit s'y gliſſer, y dominer aiſément; ainſi on courroit riſque d'avoir des réſultats de différens Bureaux plus propres à exciter le découragement, que la confiance & l'émulation.

Il paroît donc qu'il ſeroit plus utile d'avoir dans chaque Généralité un ſeul terrain conſacré au bien public, & qu'on pourroit nommer *Ecole d'Agriculture*. Chaque Bureau ſeroit maître d'y faire faire par le canal du Bureau de la Capitale, toutes les épreuves relatives aux beſoins du ſol de chaque territoire. L'exécution ſeroit confiée à une perſonne intelligente, choiſie par la Société & qui n'en ſeroit pas Membre, afin d'éviter toute prévention, toute opinion particuliére. Cette perſonne feroit exécuter ce que les différens Bureaux auroient jugé utile au progrès de l'Agriculture.

Peut-être même réſulteroit-il un nouvel avantage de n'avoir qu'une ſeule *Ecole d'Agriculture*. Ce ſeroit de nourrir & de lier plus étroitement la correſpondance entre tous les Bureaux. La grande diverſité d'uſages, d'habitudes, de préjugés, qui regnent ſouvent d'un village ou d'un bourg à l'autre, pourroit donner lieu à des vûes très-diverſes ſur le même ſujet entre les différens Bureaux. Ce ſeroit un devoir de la part des Aſſociés de la Capitale, que d'en donner avis à ceux qui ſeroient ou qui ſembleroient être en contradiction. Des citoyens animés du même eſprit, ne manqueroient pas de faire les recherches & les réflexions néceſſaires ou pour ſe concilier, ou pour ſuivre le plan le plus utile. Ce ſeroit donc un nouveau ſujet de travail & d'émulation, & par conſéquent une nouvelle ſource d'utilité publique.

Il ſeroit difficile de raſſembler ici tout ce qui pourroit s'exécuter dans l'Ecole d'Agriculture. La matiére eſt trop étendue; d'ailleurs, on ſuppoſe que les perſonnes qui ſeront choiſies n'auront pas beſoin de guides, & il eſt plus important qu'on ne peut le le croire, que ce ſoit elles qui ſervent de guides aux Cultivateurs. Cependant, pour qu'on n'ait pas lieu de ſuppoſer que ce qu'on propoſe ſoit ſans objet, on croit devoir expoſer en gros ce qui pourroit être réduit en expérience dans la terre qu'on auroit affermée. Si je n'écrivois que pour mon pays, il me ſeroit plus aiſé de faire mention de tout ce qui peut l'intéreſſer dans les objets d'expérience; mais je travaille pour le Royaume, parce que la France entiére eſt ma patrie. Ainſi je parlerai d'objets étrangers juſqu'à un certain point à mes concitoyens, & je garderai le ſilence ſur d'autres articles qui les intéreſſent de très près, comme les vignes. Premiérement, parce que toutes les Provinces n'en ont pas. Secondement, parce qu'à l'exception de la Bourgogne, de la Champagne, de la Guyenne, de la Provence, les vignes ne ſont pas d'un produit à en exiger l'augmentation. Troiſiémement, parce qu'il y a beaucoup d'apparence que leur ſuccès dépend beaucoup plus du ſol que de la culture proprement dite (1).

Je ſuppoſe que la Ferme conſacrée aux expériences ſeroit aſ-

(1) Les perſonnes qui voudront donner à leurs vignes & à leurs vins toute la perfection dont ils ſont ſuſceptibles, peuvent conſulter *le Traité ſur la culture des vignes*, &c. par M. Bidet, imprimé à Paris en 1752. chez Savoye.

ſés heureuſement compoſée & aſſés bien choiſie, pour contenir des prairies, des terres en valeur, des terres en repos ou en jachéres, & même des terres, ou en friche depuis longtems, ou qui n'auroient jamais été défrichées. Je ſuppoſe auſſi que la perſonne chargée des différentes cultures de cette terre ſeroit intelligente, capable de répondre aux vûes des différens Bureaux, & exacte à porter ſur des cahiers ou régiſtres, & dans le plus grand détail, le commencement, les progrès & le réſultat de chaque opération qu'on lui auroit preſcrite.

Pour commencer par les préliminaires de l'Agriculture du monde, on pourroit entreprendre le défrichement de quelques arpens de terre dont on auroit examiné la qualité & la profondeur. (1) On en défricheroit une partie à la charue, une autre à bras d'hommes avec la béche ou la houe, une troiſiéme avec cette houe à deux branches plates & tranchantes dont ſe ſervent nos

(1) On ne doute pas que Meſſieurs les Aſſociés de Bretagne ne donnent d'excellentes inſtructions ſur les défrichemens. J'ai traverſé deux fois leur Province dans toute ſa longueur & par des routes différentes. C'eſt un ſpectacle affligeant que la quantité immenſe de terres incultes qu'on y rencontre. J'oſerois preſque aſſurer que tout le cœur de la Bretagne eſt en friche, & que la partie cultivée, qui ne va pas à la moitié, n'eſt qu'une ceinture qui entoure la ſtérilité même. Les landes, par leur étendue, ſont au moins comparables à celles de Gaſcogne. Mais il m'a paru qu'elles réſiſteroient moins aux améliorations. Ce ne ſont pas des plaines de ſable : c'eſt de la terre qui a du fonds.

vignerons de la riviére de Marne. Chacune de ces parties pourroit être divisée en deux ou trois. Elles recevroient plus ou moins de labours, plus ou moins d'engrais avant que d'être ensemencées, afin d'être en état de juger jusqu'à quel point les engrais ou les labours peuvent influer sur les récoltes & être suppléés les uns par les autres.

Comme les terres défrichées à bras d'hommes couteroient beaucoup plus, on auroit lieu d'observer aussi & par la diminution des engrais & par la facilité des labours postérieurs & par la supériorité des récoltes, s'il n'y auroit pas en effet de l'épargne à préférer ce genre de défrichement, quoique plus cher, à celui qui ſe fait avec la charue par des chevaux, ou des bœufs. Au reſte ces terres défrichées (1) ſerviroient à eſſayer la culture des différens grains, & la formation de prairies naturelles & artificielles.

A l'égard des terres en valeur, on pourroit partager un champ labouré & chargé d'une même eſpéce d'engrais. Y ſemer des emplacemens égaux & dans la même direction par rapport à l'expoſition. On eſſayeroit dans

(1) Dans un pays de Manufactures & de Commerce, les productions de la terre ne peuvent être multipliées qu'au plus grand avantage de la conſommation & de l'exportation : il ne doit point reſter de terres incultes.

Avantages & déſavantages de la France & de la Grande-Bretagne, pag. 276.

deux de ces emplacemens du grand tréfle de Hollande femé à terre perdue, & dans d'autres la même graine femée en rayons. On femeroit aussi à pleines mains & en rayons de la luzerne, afin de pouvoir comparer les produits relatifs de chacune de ces plantes & de chacune de ces cultures. On femeroit de la même maniére du fainfoin, du rey-grafs, ou faux feigle, plante précieufe par fa fécondité, par la bonté de fon foin, par la facilité de la faire venir dans toutes fortes de terres, plante dont les Anglois font fi grand ufage & fi grand cas. On pourroit avoir une prairie naturelle d'une qualité de terre aussi femblable qu'il ſeroit poſſible au champ qu'on mettroit en prairies artificielles. Cette prairie bien amandée, bien entretenue, ſerviroit de piéce de comparaiſon aux autres, relativement au produit.

On auroit différens champs partagés chacun en deux parties égales. Dans l'une de ces parties, on ſemeroit, ou du froment, ou du ſeigle, ou de l'orge, à la maniére ordinaire; dans l'autre partie on ſemeroit les mêmes eſpéces de grains en planches & en rayons, & on en compareroit les produits pendant pluſieurs années de ſuite. Il ſeroit bon pour avoir un réſultat exact, de faire ſuccéder chaque eſpéce de grains d'année en année ſelon l'uſage accoutumé.

accoûtumé. Ainſi, par exemple, le champ qui la premiére année porteroit du froment, moitié en plein, moitié en rayons, porteroit l'année ſuivante du ſeigle ou de l'orge, moitié en plein, moitié en rayons, &c.

Il ne ſeroit pas moins important d'avoir un champ cultivé ſuivant la méthode de M. Tull, & les expériences de Meſſieurs Duhamel & de Chateauvieux, dans lequel on ſémeroit du froment pendant pluſieurs années de ſuite. Quand même les frais de culture ſurpaſſeroient ceux du labourage ordinaire, l'avantage d'avoir perſévéramment du froment, le plus précieux & le plus cher de tous les grains, l'emporteroit de beaucoup, ſelon toute apparence, ſur les frais qu'exigeroient les façons.

Il paroît que tous les Agriculteurs ſe réuniſſent en un point, c'eſt que les Laboureurs ſément beaucoup plus de grain qu'il ne faut. Il en réſulte deux pertes; celle de la ſemence ſuperflue (1) & celle qu'on fait ſur la récolte même, qui eſt, & moins abondante, & inférieure en qualité. Mais cette vérité univerſellement avouée eſt demeurée dans

(1) L'épargne de la ſemence eſt un grand objet dans les années de cherté. La perte du Laboureur qui la prodigue, devient plus conſidérable encore, lorſque l'année qui ſuit immédiatement eſt abondante & fait tomber le prix des grains. Il eſt obligé de donner à bas prix le produit d'une ſemence qui lui a couté fort cher.

un état vague & indéterminé dont il ſeroit très utile de la tirer. On pourroit conſacrer trois terrains à cette expérience. Ces terrains devroient être pris dans les trois claſſes par leſquelles on déſigne vulgairement la qualité des terres. L'un de bonne terre, l'autre de médiocre, l'autre de mauvaiſe. Chaque terrain pourroit être diviſé en trois, en quatre, & même en cinq parties égales. On y ſémeroit d'année en année les différentes eſpéces de grains ſuivant l'ordre uſité dans le pays. Savoir une partie avec la quantité de grain ordinaire, l'autre avec les trois quarts, une autre avec les deux tiers, & enfin avec la moitié. Cette expérience ne ſeroit pas une des moins importantes, parce qu'elle éclaireroit directement & promptement les Laboureurs, c'eſt à-dire, la partie la plus nombreuſe des Cultivateurs ; celle qu'il eſt le plus difficile d'amener aux méthodes qui s'écartent de la routine.

Il réſulteroit peut-être un autre bien de ces épreuves. Elles pourroient conduire chaque Société à chercher & à déterminer des termes de comparaiſon pour ce qu'on nomme bonne terre, terre médiocre, & mauvaiſe terre. Il n'y a point d'homme ſenſé qui en liſant des livres d'Agriculture, n'ait ſenti mille fois l'embarras où jette le défaut de détermination ſur cet article fondamental de toute culture. Un Auteur aſſure que telle graine, tel grain, tel arbre, demande de bonne terre : que d'autres réuſſiſſent bien & ſouvent même réuſſiſſent mieux dans des terres médiocres, ou dans des terres maigres. Perſonne, ſelon toute apparence, n'a d'idée bien nette de ces différentes eſpéces de terre, parce que la *bonne* terre d'un canton ne ſeroit regardée que comme *médiocre* dans un autre. On eſt donc dans une incertitude perpétuelle, en ſémant & en plantant, ſur le bon ou mauvais choix du ſol qu'on veut mettre en valeur. Les Sociétés d'Agriculture rendroient un ſervice eſſentiel au Royaume, ſi elles venoient à bout d'aſſigner des moyens faciles de lever cette incertitude.

On n'ignore pas que la diverſité des terres eſt preſqu'infinie. Mais on ſait auſſi que les beſoins de l'Agriculture ne demandent pas une préciſion bien rigoureuſe à cet égard. Ce ſeroit beaucoup que d'avoir une régle qui conduisît à peu près au but. Il ne faut pas s'effrayer & ſe décourager, parce que notre ignorance eſt très grande. Avant que les thermométres de comparaiſon euſſent eté exécutés, on n'avoit garde de prévoir qu'on viendroit à bout de s'aſſurer qu'à tel jour, à telle heure, il a fait tel degré de froid ou de chaud dans toutes les parties du monde où il y a des obſervateurs. Le degré d'impreſſion du froid ou du chaud ſur nos organes, ſemble bien plus éloigné d'une détermination fixe & ſuſceptible de comparaiſon, que le degré de fertilité, ou de ſtérilité des terres. Nous pouvons attaquer la terre de tous côtés : par des lotions, par des torréfactions, par des acides, par les ſens du toucher, de l'odorat, du goût, de la vûe. Voilà bien des inſtrumens qui manquoient à ceux qui les premiers imaginérent de déterminer la quantité abſolue & relative du froid & du chaud.

Une épreuve auſſi généralement utile, que celle qui fixeroit la quantité précise de semence qui procure la récolte la plus avantageuse dans un terrain donné, seroit de sémer les parties d'une même piéce de terre dans différens tems, comme à la mi-Septembre, à la mi-Octobre, ou au commencement de Novembre, à la mi-Novembre ou au commencement de Décembre. Je ne dirai point ici ce que je pense de l'usage de sémer de très-bonne heure ou très-tard ; je n'examinerai point s'il y auroit un milieu préférable à ces deux extrêmités. Je crois devoir garder sur cet objet la même impartialité, que sur les méthodes de Culture dont j'ai parlé. Mais je crois devoir assurer qu'il est très-intéressant de bien fixer le tems de la semaille, tant par rapport à la sûreté de la récolte, que par rapport à son abondance & à la qualité des grains qu'elle fournit.

On pourroit essayer aussi de battre immédiatement après la récolte une partie de toutes les espéces de grains qu'on auroit cultivés, & réserver l'autre partie en gerbes pour les battre en grange pendant l'hiver, comme c'est l'usage dans la plûpart des Provinces. On jugeroit laquelle de ces méthodes est préférable, & s'il n'y auroit pas quelqu'avantage à espérer dans l'un ou l'autre cas relativement à la quantité, ou à la beauté des farines.

Les expériences qu'on vient de proposer ont pour objet des productions de la terre qui sont de premiére néceſſité. Les hommes ne peuvent ſe paſſer de grains. D'un autre côté ils ne doivent attendre aucune récolte, ſans labours & ſans engrais; ainſi les prairies naturelles & artificielles qui nourriſſent le bétail, ſont inſéparables de la culture des grains, & deviennent par-là de premiére néceſſité par rapport à l'homme même. Mais on doit s'occuper en même tems d'autres objets, & donner toujours la préférence à ceux dont la culture s'eſt le plus répandue, ſoit que le terroir y ſoit plus propre, ſoit que la ſeule habitude l'ait accréditée. Ce ſont particuliérement les lins & les chanvres qu'on enviſage ici.

Ces deux plantes ſont ſi précieuſes pour nous, que leur culture doit marcher immédiatement après celle des grains. Le lin fournit à une conſommation intérieure qui ſeroit immenſe, même en la réduiſant à la fabrication du linge, qui eſt ſi étroitement néceſſaire à la propreté & à la ſanté : il entre dans une multitude de petites étoffes, mêlées de ſoye, de laine, de coton. Il fournit à la Nation mille autres choſes de néceſſité & de commodité, dont l'énumération ſeroit preſqu'impoſſible. Il eſt la baſe d'un commerce extérieur, d'autant plus important qu'il a excité la jalouſie de nos voiſins. La Siléſie, l'Ecoſſe & l'Irlande, après l'avoir partagé avec nous, font les plus grands efforts pour nous l'enlever. Ceci n'échappera pas ſans doute à MM. les Aſſociés de Bretagne, parce que leur Province ſemble y être plus intéreſſée. Cependant cet intérêt eſt commun à beaucoup d'autres Provinces qui fabriquent une grande quantité de toiles, & qui ſeroient ruinées ſi elles n'étoient plus en état de ſoutenir la concurrence des toiles étrangéres. Le chanvre eſt de premiére néceſſité pour nos Provinces maritimes. Les voiles, les cordages suffiroient pour consommer beaucoup au-delà de ce que nous cultivons dans ce genre. On peut en juger par l'immense quantité que la Marine du Roi en fait acheter dans le Nord.

A l'égard du lin, trois choses nous manquent essentiellement. La *graine* que quelques Provinces tirent de l'Etranger : les *préparations* des filasses & leur *filature* qui sont très-défectueuses : les *blanchisseries* qui sont communément si mauvaises, que nos plus belles & nos meilleures toiles ne peuvent jamais s'élever au-dessus de la médiocrité. Les deux derniers articles ont aussi rapport à nos chanvres dont nous pourrions faire des toiles d'une aſſez belle qualité, & qui ne ſervent preſque qu'à des ouvrages de corderie. Tels ſont les chanvres de l'Angoumois, de la Guyenne, de la Bourgogne, de la Champagne, de la Franche-Comté, de la Bretagne & de beaucoup d'autres Provinces.

Quoique les différentes Sociétés fuſſent en état de s'appliquer à perfectionner les préparations & la filature du lin & du chanvre, ce n'eſt pas dans l'Ecole d'Agriculture qu'on devroit y travailler. Mais on pourroit y décider une queſtion ſur laquelle les cultivateurs ne ſont pas d'accord, & la déciſion influeroit beaucoup ſur la qualité des toiles ; cette queſtion regarde le roui. Doit-il ſe faire dans de l'eau courante, ou dans de l'eau dormante ? On pratique l'une & l'autre méthode, & chacun ſoutient que celle qu'il ſuit eſt préférable. Des perſonnes qui prétendent être inſtruites, diſent qu'en Zélande, on met non-ſeulement des mottes de terre, mais de la boue ſur le lin qu'on fait rouir, & que c'eſt ce même lin qui prend à Harlem, ce beau blanc dont on n'a pû approcher dans les meilleures blanchiſſeries de France.

Par rapport au chanvre on pourroit eſſayer dans l'Ecole d'Agriculture, de lui donner aſſez de fineſſe pour être employé en belles toiles. Ce dégré de perfection peut dépendre considérablement de la nature des terres où il est sémé, de l'abondance des engrais, de la multiplicité des labours, de la quantité & de la qualité de la graine, du tems de la sémaille & de la récolte, de l'espéce de roui, &c. Toutes ces observations ne peuvent être bien faites que par un Corps. C'est d'une multitude de combinaisons que résulte toujours le procédé simple qu'on livre ensuite aux Laboureurs. Or les Laboureurs & même le plus grand nombre de ceux qui s'occupent d'Agriculture, ne sont pas en état de bien faire ces expériences & les obser-

vations

vations qu'elles demandent. Le défaut de connoiſſances, de fortune, ou de perſévérance, font évanouir preſque tous les projets formés par des particuliers.

La perfection de la filature & des blanchiſſeries, forme une branche ſéparée de l'Ecole d'Agriculture. Mais on ne ſauroit croire combien notre Commerce, & par conſéquent nos richeſſes, ſeroient augmentées, ſi on ſavoit bien filer & bien blanchir en France.

L'Ecole d'Agriculture ſerviroit à un autre objet d'utilité, celui des mouches à miel. C'eſt un objet majeur pour nos Fabriques & pour notre Commerce. On l'évalue à des millions. Cependant il eſt notoire que nous n'avons pas la dixiéme partie des Ruches que nous devrions avoir. Dans pluſieurs Provinces les payſans font périr chaque année une quantité prodigieuſe d'Abeilles. Ils les noyent, ou les étouffent avec la vapeur du souffre, pour vendre tout ce qu'elles ont recueilli pendant la belle ſaiſon. Plus inſenſés que le Sauvage qui coupe un arbre pour faire un ſeul repas de ſon fruit, ils ne ſongent pas qu'une Ruche détruite en eût produit plus de cent autres en très-peu d'années. Je vois par les délibérations des Etats de Bretagne relatives à leur Société d'Agriculture, que cet uſage deſtructifs s'eſt non-ſeulement introduit, mais pour ainſi dire enraciné dans cette Province. Cependant la ſeule ville du Mans en tire aſſez de cire brute pour engager à multiplier les Ruches au lieu de les détruire. Il eſt très-intéreſſant pour l'Etat, 1°. d'apprendre aux payſans à conſerver les Abeilles en prenant leur miel : 2°. de les exciter à en élever le plus qu'il eſt poſſible. De dix maiſons de Campagne, à peine y en a-t-il une qui ait deux, trois, quatre Ruches. Chacune de ces maiſons pourroit en gouverner vingt, trente & même cinquante, ſans un grand embarras. C'eſt un revenu ſûr & très-conſidérable.

On pourroit essayer dans l'*Ecole d'Agriculture* toutes les méthodes connues pour le gouvernement des abeilles, & même en découvrir de plus parfaites. Une exposition détaillée & simple de tout ce qui est purement usuel & pratique sur ce sujet, suffiroit peut-être pour doubler & pour tripler cette branche de l'économie rustique. Branche d'autant plus précieuse qu'elle est à la portée des gens les plus pauvres, elle ne demande ni labours, ni engrais, ni bétail, ni prairies. Tout se réduit à quelques attentions dont les gens les plus grossiers sont capables & qui sont de courte durée. C'est dans ce genre qu'il est exactement vrai qu'on recueille ſans ſémer. Il ſeroit utile qu'en publiant des inſtructions les Sociétés donnaſſent quelques réſultats des produits qu'elles auroient conſtatés, afin de déraciner le préjugé qu'on gagne plus à faire périr les abeilles qu'à les conſerver, ſous prétexte qu'on profite de la récolte entiére qu'elles ont faite dans une année. Ces réſultats venant de ſi bonnes mains, étant fondés ſur des faits qui ſe ſeroient paſſés ſous des yeux attentifs, s'accréditeroient infailliblement : au lieu que les exhortations qu'on fait aux payſans ſur cet article ſont abſolument infructueuſes. Une longue & funeſte expérience en a convaincu tous ceux qui ont essayé de vaincre leur routine. (1)

Voilà certainement les grands objets dont on doit principalement s'occuper pour faire le bien du Royaume. Les prairies, les grains, le lin, le chanvre, la cire & le miel, forment nos richesses naturelles, & ces richesses sont mille fois plus précieuses que l'or du Mexique, avec lequel il ne seroit pas impossible de manquer de nourriture, de vêtemens & de navigation. Ainsi les biens

(1) Voyez sur les Mouches à miel les Mémoires pour servir à l'Histoire des Insectes, par M. de Réaumur *in*-4°. de l'Imprimerie Royale, tom. 5. L'Histoire naturelle des Abeilles par M. Bazin. La nouvelle construction de ruches par M. Palteau, & même la Maison Rustique de l'édition de 1755. qui a été purgée de beaucoup d'erreurs quoiqu'il en reste encore.

que nous possédons sont les vrais biens à tous égards. (1) Nous pouvons en augmenter la somme, & l'*Ecole d'Agriculture* qu'on propose est le moyen le plus simple & le plus prompt de produire un bien si grand, si général.

Cependant on pourroit essayer d'ouvrir d'autres routes vers l'ai-

---

(1) L'Agriculture est non seulement de tous les Arts le plus admirable, le plus nécessaire de l'état primitif de la Société ; il est encore, dans la forme la plus compliquée que cette même Société puisse recevoir, le plus profitable & le plus rapportant ; c'est le genre de travail qui rend le plus à l'industrie humaine, avec usure, ce qu'il en reçoit.

La mer attend tout de la terre & de celui qui la fait valoir. Il est inutile de le répéter ; mais je soutiens que les profits de l'Agriculture sont plus sûrs & plus considérables que le Commerce maritime, ni la recherche de l'or. *L'ami des hommes première partie pag. 32.*

ſance. On pourroit tenter la culture du ſaffran, du paſtel, de la garance, & de pluſieurs autres végétaux propres à la teinture. On parviendroit peut-être à naturaliſer le maïs dans pluſieurs Provinces, où il eſt à peine connu. Pourquoi les patates qui ſont d'un ſi grand produit & qui ont ſi bien réuſſi d'abord en Irlande & enſuite en Angleterre, ne réuſſiroient-elles pas en France ? Ces différentes cultures ne s'accréditeroient certainement que par l'exemple. Des particuliers qui voudroient en faire des eſſais ſeroient bientôt rebutés. Ils ne trouveroient d'inſtructions que dans des ouvrages écrits pour les climats chauds, où la plûpart

plûpart de ces plantes ſont cultivées. Il y auroit néceſſairement quelques épreuves en pure perte, avant que d'avoir rencontré un moyen ſûr de les cultiver, ou dans le cœur de la France, ou dans les Provinces ſeptentrionales. Le découragement ſe montreroit avant le ſuccès. D'ailleurs en ſuppoſant à des particuliers la perſévérance néceſſaire pour réuſſir, leurs expériences ſeroient à peine connues dans leur Canton, & l'on ſent bien qu'elles ne pourroient être utiles qu'autant qu'elles ſeroient répandues.

Les plantations de meuriers blancs n'ont pas réuſſi par tout; on en connoît les raiſons. Les graines qu'on a ſemées dans la plupart des Provinces étoient preſque toutes de l'eſpéce qu'on nomme *petite-feuille*. D'habiles Cultivateurs prétendent même que la bonne eſpéce de meuriers ne ſuffit pas, qu'il faut les greffer pour les rendre plus féconds. Chaque Société pourroit aiſément ſe procurer de bonnes graines, & avec le ſecours des ouvrages qui ont été faits depuis peu d'années ſur la culture des meuriers, diriger l'eſſai qui en ſeroit fait dans l'*Ecole d'Agriculture*. On pourroit eſſayer des plantations de meuriers nains qu'on dit avoir très bien réuſſi en Languedoc. On prétend qu'ils donnent plus de feuilles que les autres.

On pourroit parquer des moutons de belles espéces ; essayer de leur faire passer l'hiver en plein air, comme on le fait non seulement en Angleterre & en Irlande, mais dans le nord même de l'Ecosse, où le froid est si rigoureux. (a) On attribue

(a) M. Feydeau de Brou Intendant de la Généralité de Rouen, engagea l'année derniére le sieur *Petit* Receveur Fermier de la terre de Genainville, dans l'Election de Magny, à faire hiverner en plaine une vingtaine de moutons. Cet essai ayant réussi & les vingt moutons s'étant trouvés au printems en aussi bon état que ceux qui avoient gardé la bergerie, M. de Brou a excité le sieur Petit à faire parquer cet hyver des brebis & des agneaux au nombre de plus de cinquante. Les brebis ont mis bas, sans aucun accident, & les agneaux à l'exception d'un seul qui est mort, ont soutenu les plus grandes rigueurs de la saison.

La laine des vingt moutons qui ont hiverné dans les champs en 1757 a été trouvée plus belle, & en conséquence estimée plus cher de 4 à 5 f. par liv. que les laines ordinaires.

principalement à cet uſage la ſupériorité des laines Angloiſes. Il n'eſt que trop aiſé de ſentir l'intérêt qu'auroient preſque toutes nos Provinces à améliorer leurs laines ; ainſi il ſeroit inutile d'appuyer ſur cet article. Il frappe juſqu'aux payſans les plus groſſiers. Mais l'habitude de ne retirer de leurs troupeaux que de mauvaiſes laines, leur fait regarder comme impoſſible d'en avoir de meilleures. Il n'y a que l'exemple qui puiſſe détruire un préjugé ſi nuiſible.

On pourroit ajouter beaucoup d'articles intéreſſans pour le Public, auxquels il faudroit renoncer s'ils n'étoient pas introduits dans chaque Généralité ſous la protection du Gouvernement. Ceux qui seroient chargés de cette administration n'auroient pas besoin qu'on les leur indiquât, ils seroient sans doute en état d'en proposer qui sont peut-être inconnus à l'Auteur de ce mémoire, ou auxquels il n'a pas pensé.

En livrant l'exécution de ce projet à une Compagnie éclairée & pénétrée d'amour pour le bien public, on pourroit craindre qu'il ne devînt trop vaste, & que par cette raison il n'entraînât des dépenses trop considérables. Mais plus on seroit inquiet sur la dépense, plus on sera porté à désirer cet établissement, lorsqu'on réfléchira que des biens ſi multipliés ſeroient le fruit d'un fond très modique par rapport à chaque Généralité.

Un terrain de 1200 liv. par an ſuffiroit certainement pour remplir & au-delà tout ce qu'on vient de propoſer. On s'en eſt aſſuré par un calcul exact. On trouveroit, ſans doute, pour 1200 liv. par an une perſonne ſenſée & vigilante qui ſe chargeroit d'exécuter ſcrupuleuſement tout ce que déſireroient Meſſieurs les Aſſociés des différens Bureaux. On pourroit donc avec 2400 liv. par an épargner à tous les Agriculteurs les dépenſes qu'exigent leurs eſſais. On jugera qu'elles ſont conſidérables ſi l'on réfléchit que chaque année il y a beaucoup de Citoyens qui ſont des tentatives pour améliorer leurs terres. Leurs efforts, lors même qu'ils ſont fructueux, ne tournent pas au profit du Public, faute d'un centre de réunion. A l'égard de ceux qui ne réuſſiſſent pas, les dépenſes ſont en pure perte, & elles ſont néceſſairement ſuivies du découragement, dans les cas même où l'on ſe reproche d'avoir fait ces expériences avec trop peu de connoiſſance ou d'exactitude. L'exécution du plan qu'on propoſe ſeroit donc pour les Cultivateurs une ſource d'épargnes & de richeſſes. On n'entreprendroit rien, on ne changeroit rien aux méthodes uſitées, qu'avec une entiére confiance, parce que le bénéfice qu'on se promettroit seroit complétement assuré.

Quelque foible que soit un fonds de 2400 liv. par an, cette dépense effrayeroit un particulier. Mais quand on en trouveroit qui voulussent accorder ce bienfait à leurs Concitoyens, le Public n'en retireroit pas à beaucoup près les mêmes avantages. Quel est l'homme assés instruit pour remplir seul une tâche si forte ? Je ne vois que les Corps, qui, par la réunion des lumiéres de plusieurs Observateurs, puissent suffire à la perfection d'un ouvrage de cette espéce. D'ailleurs il seroit peut-être impossible de trouver dans un particulier, la perſévérance, & pour ainſi dire, l'opiniâtreté néceſſaire pour vaincre ſucceſſivement toutes les difficultés. Il n'y a que les Corps qui ſoient en état de ſervir le Public comme il mérite de l'être, parce que c'eſt le caractére général des Corps que de marcher conſtamment vers le but qu'ils ſe ſont propoſés. C'eſt donc aux différentes Généralités, ſous la protection de Meſſieurs les Intendans, qu'il appartient de faire le bien en grand dans leur territoire, parce qu'elles peuvent en faire la dépenſe ; & c'eſt aux Sociétés d'Agriculture qui ſeront établies, à employer les moyens qui peuvent le multiplier.

Un article qu'on croit très

essentiel, c'est le choix de la personne à qui l'administration de l'*Ecole d'Agriculture* seroit confiée. Il est, sans doute, inutile de dire que la sollicitation & la faveur ne devroient influer en rien dans ce choix. Les Associés auroient un intérêt personnel à choisir un homme sensé & éclairé pour qui l'*Ecole d'Agriculture* seroit plutôt un objet d'amour & de réputation, qu'un objet d'économie personnelle. Une personne chargée d'une femme & d'une famille seroit bien peu propre à faire réussir cet établissement: elle auroit trop de distractions & des distractions trop pressantes. Qu'on jette les yeux sur toutes les choses qu'on croit mal administrées, on verra que le désordre n'a point d'autre cause que la vigilance des préposés à ramener tout à leur propre intérêt, & la négligence, ou même l'oubli total de l'objet qui leur est confié. Dans l'établissement dont il s'agit, il vaudroit beaucoup mieux ne rien faire, que de mal faire.

Il paroît que le parti le plus convenable seroit de confier la direction de tous les travaux, à une personne libre de tout autre soin, qui aimât & qui connût l'Agriculture; qui fût capable de tenir des régistres exacts & raisonnés de tout ce que la Société l'auroit chargée de faire; d'observer tout ce qui étant étranger à l'expérience, peut avoir influé ſur le bon ou le mauvais ſuccès, & d'en faire des notes. Des apointemens, ou ce qui feroit plus honnête, une gratification de 1200 liv. par an ſuffiroit peut-être, pour attacher au bien public, un Citoyen, amateur de l'Agriculture, capable de bien remplir les vûes de la Société. On ſait que l'*Ecole d'Agriculture* demanderoit des avances pour les inſtrumens de labourage, pour le bétail néceſſaire, pour les domeſtiques, &c. Mais on croit qu'il ne conviendroit pas d'entrer dans tous ces détails, & encore moins de permettre à cet égard des mémoires de frais & d'avances.

Cette maniére de régir ne contribue jamais au bien, & y nuit toujours. Il feroit certainement plus utile d'abandonner à la perfonne choifie le produit des récoltes, en la chargeant de faire à fes propres dépens les expériences prefcrites par les Affociés des différens Bureaux. Il eft évident que toutes ces expériences ne réuffiroient pas ; ainfi il fe trouveroit des dépenfes en pure perte. Mais il n'eft pas moins évident que beaucoup d'expériences réuffiroient. D'ailleurs celui qui feroit chargé d'y veiller auroit un intérêt perfonnel au fuccès, ainfi on eft perfuadé qu'avec un peu d'amour pour le bien public, ce qui ſuppoſe néceſſairement du déſintéreſſement, on ſeroit bien ſervi.

Il n'en couteroit donc que 2400 liv. par an à chaque Généralité, pour faire faire en grand toutes les épreuves néceſſaires pour porter la culture des terres au plus haut degré de perfection dont elle ſoit ſuſceptible. Seroit-il difficile d'épargner cette ſomme ſur celles qu'on employe aux grands chemins ; & quand on devroit l'impoſer par addition aux autres levées, ni auroit-il pas tout à gagner ? Cette dépenſe ne monteroit qu'à 60000 liv. pour tout le Royaume. Elle produiroit des millions dès la troiſiéme ou la quatriéme année. On ne croit pas s'avancer trop loin. On est persuadé qu'avant quatre ans le fruit de ces établissemens seroit sensible & qu'il augmenteroit d'année en année en multipliant les défrichemens. (1) Ils seront rares & d'un léger produit jusqu'à-ce que l'art des prairies artificielles soit assés connu, assés

(1) Défricher, c'est agrandir son terrain, augmenter ses sujets, ses revenus & son pouvoir. La valeur d'un Etat ne se mesure point par l'étendue de ses domaines, mais par la qualité (*& la quantité*) de ses productions, par le nombre de ses habitans & par l'utilité de ses travaux. Toute terre qui ne produit point ou qui cesse de produire fait un déchet dans la nation. Tout fonds défriché ou amélioré est une valeur réelle que le cultivateur fait naître & qui accroît le nombre des habitans, leur aisance & leurs occupations. C'est en même tems une nouvelle source de revenus pour l'Etat. *Pol. des grains, pag. 318.*

répandu, pour soutenir une grande multitude de bétail & fournir par conséquent une assés grande quantité d'engrais pour entretenir la fécondité des terrains défrichés.

Quoiqu'on ne doute point que le délai de quatre ans ne fût suffisant pour sentir le bien que doit produire une *Ecole d'Agriculture*, il seroit absolument nécessaire d'y travailler beaucoup plus longtems. 1°. Parce qu'il doit entrer dans les vûes des différentes Sociétés, non seulement de s'assurer des avantages de telle espéce de culture, mais de déterminer pendant combien de tems elle peut être fructueuse dans un même terrain.

rain. Une ferme de neuf ans, au moins, feroit donc étroitement néceffaire pour ne pas faire à demi des expériences protégées par le Gouvernement. Peut-être même feroit-il prudent de s'affurer en faifant un bail de neuf ans, que lorfqu'il fera expiré, Meffieurs les Intendans feront maîtres de le continuer pendant le même nombre d'années, &c. Le bien public demande cette prévoyance.

L'ufage de n'affermer que pour un tems court, eft un des plus grands obftacles aux progrès de l'Agriculture. Les plus longues fermes font communément de neuf ans. Toute l'induftrie du Fermier confifte donc à ne faire d'amélioration que celles dont il peut jouir pendant la durée de son bail. Il a pour successeur un homme que son intérêt porte à suivre les mêmes principes. Quand il n'en résulteroit que le désavantage de ne porter sur les terres que des fumiers nouveaux, & de ne les engraisser que très rarement avec des fumiers bien consommés, ce seroit un préjudice étonnant, par bien des raisons qui ne sont ignorées d'aucun Cultivateur. Ce seroit donc un très grand bien que les fermes pussent durer plus de neuf ans & être portées jusqu'à dix-huit par un même bail. L'exemple de Baux semblables, faits dans toutes les

Provinces ; la ſupériorité d'amélioration & de culture des *Ecoles d'Agriculture* pendant un certain nombre d'années, ouvriroient les yeux à la nation, & feroient ſolliciter par Meſſieurs les Intendans une loi qui dégageât des entraves ordinaires qui ne permettent d'affermer que pour neuf ans.

Cette loi ſeroit utile à ceux qui auroient aſſez de connoiſſance ſur l'Agriculture, pour ſentir combien elle leur deviendroit favorable. Elle ne nuiroit en rien aux autres, puiſqu'ils conſerveroient la liberté de n'affermer que pour neuf ans, pour ſix, & même pour trois ans, comme il y en a malheureuſement des exemples. Les Seigneurs y gagneroient certainement, parce qu'en cas de mort du Propriétaire ou d'aliénation, les biens auroient une plus grande valeur. Le Propriétaire lui-même y trouveroit de l'avantage, parce que ſon bien ſeroit mieux cultivé, d'un plus grand rapport, & que le Fermier payeroit plus exactement. Le Fermier y gagneroit auſſi en ce que ſa capacité & ſon induſtrie auroient un champ plus vaſte pour ſe déveloper, & qu'il entreprendroit tout ce dont il pourroit jouir dans un long eſpace de tems. Au lieu que la certitude, ou la crainte de ne travailler que pour autrui, le reſſerre aux améliorations annuelles, & lui fait perdre aussi-bien qu'au public tout ce qu'il entreprendroit, sans le terme court & fatal, qui en feroit passer le produit dans la main d'un autre. (1)

Quelque évident que soit l'avantage que retireroit le Roi & ses Peuples des établissemens que je propose, il seroit assez inutile de les tenter, s'ils n'é-

(1) M. Pattullo va plus loin encore dans son Essai sur l'amélioration des terres, (*pag.* 171.) & je crois qu'il n'exagére pas. » Celui qui » prend une Ferme pour un tems court, pen- » sant bien qu'il n'auroit pas le tems de re- » cueillir les avantages d'une amélioration » considérable, ne s'embarrasse pas d'y en faire » aucune. Au contraire, *il épuise les terres* » *tant qu'il peut*, dans l'espérance d'en trou- » ver bientôt une meilleure, ou dans la » crainte d'être à l'expiration du Bail, mis » dehors de la sienne.... Ainsi, il la laisse » toujours à son successeur de mal en pis. «

toient pas protégés immédiatement par le Ministére. (1) Je

(1) Bien des raisons autorisent à compter sur cette protection. L'attention bienfaisante du Roi pour ses Sujets, l'a porté à faire entrer les observations d'Agriculture, dans les travaux de l'Académie Royale des Sciences. Le 23 Mars 1753, Sa Majesté donna un Réglement à cette Compagnie, pour l'élection de ses correspondans. Le préambule » porte que plus les distinctions qui leur ont » été jusqu'à présent accordées les rapprochent des Académiciens, plus aussi il étoit » nécessaire de régler la forme de leur nomination, & de s'expliquer *sur ce qu'on doit* » *exiger de ceux qui se présentent pour obtenir* » *ce titre* « ... L'article premier de ce Réglement met au nombre des preuves de capacité, auxquelles le titre de Correspondant doit être attaché, *des observations d'Agriculture*. (*V. l'Histoire de l'Académie année* 1753, pag. 2.) Voilà donc l'*Agriculture* élevée par le Roi même, au nombre des Arts qui doivent occuper la plus savante Académie du monde. Cette illustre Compagnie vient d'elire M. Tillet, pour une place d'Adjoint dans la classe de Botanique. Peut-on douter que ce ne soit la récompense des expériences & des découvertes qu'il a faites, sur la cause de la corruption des bleds & sur les moyens de la prévenir?

crois par exemple, que la culture n'augmentera point malgré le zèle & les lumiéres de toutes les Sociétés d'Agriculture, si la liberté pleine & entiére d'exporter les grains, n'est pas la récompense de la docilité, de l'activité & de l'industrie du Laboureur. On ne peut se dissimuler aussi que la culture ne fera que dépérir, tant que le Cultivateur sera intéressé à paroître pauvre. Il n'ose ouvrir le sein d'une nouvelle terre, former des prairies artificielles, augmenter son bétail, parce qu'il sait que le fardeau d'une imposition *arbitraire* le puniroit bientôt de son industrie. (1) C'est un

(1) Par-tout où le laboureur se voit chargé

désavantage qu'on n'a point à craindre en *Bretagne*, où la taille est inconnue. Je trouve même une délibération des Etats de cette Province, qui *exempte pendant vingt ans de toutes impositions réelles les terres nouvellement défrichées*. Il n'est pas possible que des exemples si respectables restent sans imitateurs.

Les méthodes & même les exemples sont inutiles ; le Peuple est trop pauvre pour en profiter,

à proportion du produit de son champ, il le laisse en friche, ou n'en retire exactement que ce qu'il lui faut pour vivre. Car pour qui perd le fruit de sa peine, c'est gagner que de ne rien faire ; & mettre le travail à l'amende, c'est un moyen fort singulier de bannir la paresse. *Encyclop. tom.* 5. au mot *Economie*, pag. 347. Col. 2.

fiter, diront ces esprits destructifs sans cesse tourmentés par la crainte de voir faire du bien. A cela je réponds que quand on a une ame capable de désirer fortement le bonheur de sa Patrie, & un esprit ardent à saisir les moyens qui peuvent y contribuer, on démêle aisément combien cette maxime est timide & fausse. Le Peuple est à la vérité très-pauvre; personne ne le sait plus en détail, que les citoyens qui cherchent à lui procurer quelque aisance. C'est pour cela même qu'il faut l'arracher par des exemples à cet état d'indolence, ou plutôt d'engourdissement, où le jette la pauvreté. Les préceptes pouvant être suivis en grand & en petit, répondent à toutes les ſituations, & feront naître inſenſiblement l'abondance. En grand, cela ne peut ſouffrir aucune difficulté. En petit, j'avoue que la miſére ne peut être attaquée que peu à peu & par parties; mais on la chaſſe à la fin. Elle fait place à un peu d'aiſance; de dégré en dégré l'abondance devient le fruit des méthodes & des exemples. Il eſt certain qu'à l'exception du mendiant qui devroit être ou puni ou du moins renfermé, il n'y a point d'homme qui étant dirigé, ne puiſſe diminuer ſon indigence. Le plus petit cultivateur peut augmenter le produit de ſon champ, par ſes prairies. Celui qui ne vit que de ſes journées, loge quelque part. Il peut avoir une Ruche, qui dans quatre ans lui en aura procuré ſeize à ne ſuppoſer qu'un ſeul eſſaim par an. Mais pour cela même il faut des exemples. Qu'on ſuive cette route, & très-certainement il n'y aura d'extrême pauvreté que celle qui ſera volontaire. A l'égard de l'aiſance, je le répete, on n'y parvient que par dégrés.

Les Citoyens qui verront cette eſquiſſe, ſentiront qu'elle eſt le fruit de cet amour qu'ont les honnêtes gens pour le bien public. Je crois voir diſtinctement que l'exécution du projet dont l'établiſſement de Bretagne m'a fait naître l'idée, sera la source de biens multipliés, qui peuvent n'être envisagés que comme des conséquences éloignées de la bonne culture, mais que je regarde comme des conséquences très-prochaines & même nécessaires : je veux dire une population nombreuse, un commerce intérieur & extérieur très florissant. (1)

Je ne puis mieux terminer ces réflexions que par un juste tribut de louanges à la sagesse des

(1) Il est difficile de concevoir comment un Royaume pourroit subsister sans la culture, & l'on sent aisément que plus elle s'accroît, plus un Peuple devient nombreux, fort & opulent. Des terres par-tout bien travaillées annoncent l'aisance & une abondante population : des cantons incultes sont un signe certain du petit nombre & de la misére des habitans. *Pol. des Grains*, pag. 305.

Etats de Bretagne. Ils ne pouvoient donner une preuve plus frappante de leur amour pour le bien public, & de leurs lumiéres dans le choix des moyens de le procurer. (1) Une Société d'Agriculture n'eſt plus pour eux, comme pour nous, un projet utile, un objet d'impatience & de déſir; c'eſt un bien dont ils jouiſſent; un bien qu'ils ont créé & qui ſera le germe de la félicité publique, ſi la Nation ſait profiter d'une politique ſi

(1) La nature ſeule du Gouvernement décide des préſens de la terre & du ſort des cultivateurs. En vain le Soleil répand ſur quelques contrées ſes plus riches influences; l'Agriculture découragée en borne les productions. Dans les pays que la nature ſemble avoir le moins favoriſés, la culture protégée y multiplie ſes bienfaits. *Ibidem.*

humaine & ſi éclairée. Tant de ſageſſe n'a pas beſoin du ſuffrage d'un particulier. Ici c'eſt le fait même qui loue. Mais l'approbation du Roi, les applaudiſſemens de pluſieurs Ecrivains diſtingués, ne peuvent qu'exciter une vive émulation dans toutes les Provinces du Royaume. C'eſt l'unique but que je me propoſe en rapprochant des éloges diſperſés dans des ouvrages, que beaucoup de Citoyens ne ſont pas à portée de ſe procurer. D'ailleurs je ſens une ſécrette joie, à réunir les différentes parties du monument élevé par le Patriotiſme, à la gloire d'une Province animée du même eſprit.

EXTRAIT des Regiſtres des États de Bretagne.

Du Samedi 11 Décembre 1756.

Délibération. Commiſſion du Commerce, 1757.

LES ÉTATS ont nommé & nomment pour le Commerce ; *de l'Egliſe*, Monſieur l'Evêque de Saint Malo, Meſſieurs les Abbés de Villeneuve, de Rhedon & de Saint Aubin des Bois, & Meſſieurs les Députés des Chapitres de Saint-Malo & de Saint Brieuc ; *de la Nobleſſe*, Meſſieurs du Sel des Monts, d'Eſpinoze, la Chapelle Villeplot, de Pontual, de la Motte Leſnage & de Luker ; & *du Tiers*, Meſſieurs de Prémion, premier Député de Nantes, de Kerlivio, Député de Quimper, de la Vieuville, premier Député de Saint-Malo, Daumenil, ſecond Député de Morlaix, Alba, Député de Pontivy, & Pontneuf, Député du Croiſic.

Du Vendredi 28 Janvier 1757.

Monſieur l'Abbé de Notre-Dame

de Villeneuve a, pour lui & Mesſieurs ſes Codéputés à la Commiſſion du Commerce, fait part à l'Aſſemblée du Mémoire qui ſuit.

COMMISSION DU COMMERCE.

MESSIEURS,

Vous nous avez fait l'honneur de nous renvoyer un excellent Mémoire de M. Montaudouin ſur l'Agriculture, les Arts & le Commerce; il propoſe comme très-utile l'établiſſement d'une Société qui feroit ſon étude de ces trois objets. M. de Gournay, Intendant du Commerce, nous exhorte à adopter ce Projet. Nous avons penſé comme lui, que rien ne pouvoit être plus avantageux à la Province que cet établiſſement, nous l'avons même regardé comme eſſentiel. C'eſt ſur ce plan que nous avons dirigé notre travail; nous avons crû néceſſaire de commencer par-là le rapport des affaires dont vous nous aviez chargé, & nous en avons fait la baſe de nos opérations.

Il n'eſt pas difficile de prouver l'utilité, & même la néceſſité d'une pareille Aſſociation. Nous ne pouvons nous dif-

ſimuler l'état d'affoibliſſement où l'Agriculture & les Arts ſont réduits, ſur tout dans l'intérieur de la Province. S'il y a un moyen de tirer nos Cultivateurs de la létargie où ils ſont plongés, & d'animer nos Artiſtes, c'eſt ſans doute de les faire inſtruire par des perſonnes pour qui ils ont du reſpect & de la confiance: des eſſais que le ſuccès auroit juſtifié, des expériences multipliées ſous leurs yeux, les convaincroient à la fin que la routine qu'ont ſuivi leurs peres peut n'être pas la meilleure. L'expérience démontre que les Laboureurs peuvent adopter des pratiques nouvelles quand l'utilité en eſt prouvée; c'eſt ainſi que la culture du grand Trefle & celle du Lin s'établiſſent tous les jours dans des endroits où l'on n'en avoit jamais cultivé. Les Laboureurs ont beſoin d'être inſtruits, plus encore par des exemples que par des leçons; l'un & l'autre fera l'objet principal de la Société que nous vous propoſons de former.

Cette Société ſeroit compoſée dans chaque Evêché de ſix perſonnes choiſies ſans diſtinction d'ordre, parmi les ſujets que l'on auroit lieu de juger par leur état ou leurs occupations être le plus au fait de chaque matière ; on chargeroit ces Commiſſaires d'examiner l'état de ces trois parties, de rechercher avec ſoin les cauſes de leurs progrès ou de leur décadence, les obſtacles qui peuvent les arrêter, & les moyens de les faire ceſſer ; ils correſpondroient avec le Bureau général qui ſeroit établi à Rennes, où tous les Membres auroient ſéance & voix délibérative ; ils pourroient auſſi s'aſſembler dans chaque Diocèſe, quand ils le jugeroient convenable ; ils donneroient leurs avis au Bureau général, pour l'adjudication des prix ſur ces trois objets, en cas qu'il fût arrêté d'en accorder pour augmenter l'émulation ; ils ſe communiqueroient reſpectivement leurs obſervations, ſur-tout celles qui peuvent être d'une utilité générale, & ſe donneroient mutuellement les inſtructions relatives aux objets dont ils ſeroient chargés ; par ce moyen, ſi quelqu'un vouloit étendre dans une partie de la Province une culture qui n'y ſeroit pas établie, & qui fût d'uſage dans un autre canton, il ſeroit en état de ſe procurer facilement tous les éclairciſſemens néceſſaires pour la faire réussir ; on exhorteroit les Commissaires à faire des expériences, à les suivre avec attention, & à faire part de leurs succès. Chaque Membre seroit obligé de remettre au Bureau général, avant la Tenue prochaine, un Mémoire sur quelque partie de l'Agriculture, du Commerce ou des Arts ; ces Mémoires y seroient lûs, examinés & comparés, & mettroient le Bureau général à portée de fournir aux Etats un Corps d'observations très-précieuses sur des objets si intéressans & trop négligés. Les Etats auroient des connoissances sûres pour encourager les entreprises qui mériteroient de l'être, pour exciter l'émulation, & porter dans peu d'années l'Agriculture, les Arts & le Commerce au plus haut point où ils puissent parvenir.

C'est par une Société pareille que l'Irlande qui étoit une des plus pauvres Contrées du monde, est devenue très-florissante ; nous ne sommes pas réduits au point d'anéantissement où étoit cette Isle, nous pouvons donc espérer de réussir avec plus de facilité.

Cette Société a fait distribuer des instructions & des récompenses, & l'Irlande a pris une face nouvelle. Nous osons donc, Messieurs, vous indiquer un moyen qui a déja réussi ailleurs, & dont le succès n'est pas douteux chez vous.

Nous ne nous sommes pas étendu sur les avantages qui en résulteroient pour le Commerce, ils sont trop évidens. Le Commerce est tellement lié à l'Agriculture, qu'on ne peut perfectionner l'un sans que l'autre en soit augmenté.

Les vûes que répandroient sur les Arts & dans les Manufactures tant de personnes éclairées, produiroient les plus heureux effets; les Artistes apprendroient promptement les pratiques utiles des autres Pays; ceux d'entr'eux, qui se distingueroient par leurs talens, obtiendroient une considération qui en est la plus agréable récompense.

Vous voyez, Messieurs, par le détail des opérations que nous avons eu l'honneur de vous exposer, qu'il est nécessaire d'en charger une Commission particulière; la Commission Intermédiaire déja fort occupée de travaux très-differens, ne pourroit pas donner une attention continuelle à des objets qu'il faut suivre avec persévérance.

Duquel Mémoire lecture ayant été faite, les Etats ont approuvé & approuvent ledit Mémoire, & ont en conséquence chargé & chargent la même Commission du Commerce de dresser un Plan qui réglera les occupations & la correspondance des Associés, & d'indiquer aussi à l'Assemblée les Sujets qu'elle croiroit les plus propres pour cette Commission.

Et sur ce que la Commission a dit que ce Mémoire qui venoit d'être reçu favorablement par les Etats, étoit de M. de Pontual, de l'Ordre de la Noblesse, secondé dans ce travail par M. de Prémion, Maire & premier Député de Nantes,

Les Etats ont remercié M. de Pontual & M. de Prémion.

Du Mercredi 2 Février 1757.

M. l'Abbé de Notre-Dame de Villeneuve a, pour lui & MM. ses Codéputés à la Commission du Commerce, présenté à l'Assemblée le projet de Réglement qu'ils ont, en exécution de la Délibération du 28 Janvier dernier, dressé pour la Société d'Agriculture, de Commerce & des Arts, contenant XIV Articles, comme leur ayant paru le plus convenable pour l'établissement de ladite Société.

SÇAVOIR,

ART. I. *Les Associés de chaque Evêché s'assembleront dans la Ville Episcopale pour convenir du lieu, des jours d'Assemblée & de la distribution du travail.*

II. *Ils pourront choisir pour lieu d'Assemblée le Bureau de la Commission Intermédiaire, en faire leur dépôt, & se servir des Commis, en observant de ne déranger en rien le travail de cette Commission, ou choisir tel autre lieu qui leur conviendra.*

III. *Les Assemblées du Bureau de Rennes pourront se faire dans une Salle de l'Appartement de M. de la Landelle, qui a bien voulu l'offrir.*

IV. *Ce Bureau s'assemblera une fois par semaine; les autres Bureaux seront invités de s'assembler au moins deux fois par mois; l'absence de quelqu'un des Membres ne doit point empêcher ceux qui sont à portée du Bureau de s'y rendre, pour y suivre le travail commun. On espére que les absens dédommageront la Société par un redoublement de leur travail particulier.*

V. *La liberté étant l'ame d'une pareille Association, le premier point de cette liberté est que chaque Associé travaille sur la partie qui lui plaira davantage; s'il s'en trouve d'assez zélés pour les embrasser toutes, on désire seulement qu'ils séparent les différens objets pour la commodité du travail & de la rédaction.*

VI. *L'objet des premiéres opérations des Associés doit être d'examiner l'état de l'Agriculture, du Commerce & des Arts, de chercher avec soin les causes de leurs progrès ou de leur décadence, les obstacles qui peuvent les arrêter & les moyens d'y remédier.*

VII. *Chaque Membre sera obligé de remettre au Bureau de son Diocèse, avant la Tenue prochaine, un Mémoire détaillé sur quelque partie de l'Agriculture, du Commerce ou des Arts.*

VIII. *Tous les Citoyens ſeront invités de remettre à Meſſieurs les Aſſociés des Mémoires ſur ces objets, ils ſeront reçus avec reconnoiſſance. On aura l'attention d'en remercier les Auteurs, & de faire connoître l'obligation qu'on leur a.*

IX. *Les Aſſociés de chaque Evêché auront un Regiſtre pour chaque objet; ces trois Regiſtres demeureront toujours dans le lieu de dépôt pour ſervir d'inſtruction. On y inſérera par extrait les Mémoires, dont les Originaux cependant ſeront conſervés; on enverra au Bureau de Rennes, trois mois avant les Etats, les articles qui pourront mériter l'attention générale, & les Aſſociés de Rennes en formeront un Corps d'obſervations propre à être préſenté aux Etats.*

X. *Indépendamment de la correſpondance qu'on exhorte tous les Aſſociés à établir entr'eux, il convient pour la facilité du ſervice, que le Bureau de Rennes ſoit le centre de la correſpondance générale, d'où les obſervations intéreſſantes qui y auront été adreſſées ſeront répandues dans la Province.*

XI. *Le but qu'on ſe propoſe eſt d'étendre les connoiſſances utiles; les Aſſociés auront*

auront une attention particuliére à donner à ceux qui les consulteront des réponses satisfaisantes.

XII. *Quand une pratique aura été reconnue bonne, chaque Commissaire s'attachera à la répandre dans son canton, en l'éprouvant lui-même, engageant ses amis à la suivre, & surtout en démontrant aux Laboureurs ou Artistes les avantages qui en résultent.*

XIII. *La Commission sera chargée généralement de tout ce qui concernera dans la Province l'Agriculture, les Arts & le Commerce.*

XIV. *Messieurs les Associés sont priés expressément de communiquer aux Etats prochains les moyens qui leur paroîtront les plus propres pour perfectionner le présent Réglement.*

M. l'Abbé de Notre-Dame de Villeneuve a aussi présenté une Liste des Sujets propres pour cette Commission, au nombre de six par chaque Evêché, sans distinction d'ordre, ainsi qu'il fut proposé & agréé par les Etats le 28 Janvier dernier.

M

SÇAVOIR,

POUR RENNES.

ADRESSES,	MESSIEURS,
à Rennes,	DE NEVET,
à Rennes,	DU SEL,
à Vitré,	DES NÉTUMIERES, *l'aîné*,
à Rennes,	RALLIER DES ORMEAUX,
à Fougeres,	DE MONTIGNY, *Maire de Fougeres*,
à Rennes,	ABEILLE.

NANTES.

	MESSIEURS,
à Nantes.	L'ABBÉ DE RAMACEUL,
à Nantes,	DE LA BILIAIS LE LOUP,
à Nantes,	MONTAUDOUIN,
Nantes,	SENICOUT-GROU,
à Nantes,	DE PRÉMION,
au Croisic.	DE PONTNEUF,

VANNES.

	MESSIEURS,
à Vannes,	L'ABBÉ DE PONTUAL,
à Auray	DE KERMADEC,

DE LA CHAPELLE,	à Vannes,
DE BERTHOU,	à Guemené,
DU BODAN,	à Vannes,
PERRON,	au Port-Louis,

QUIMPER.

MESSIEURS,

ROYOU, *Recteur de Trébrivan*,	à Carhaix,
DE PENFEUNTENIO DE KERVEREGUIN,	à Kerfilin par Pont-l'Abbé,
DE SILGUY, *Fils*,	à Quimper,
DE KERLIVIO,	à Quimper,
POULGOASEC,	à Audierne,
CHARDON,	à Lokornan,

SAINT-MALO.

MESSIEURS,

L'ABBÉ THÉ DU CHATELLIER,	à Saint-Malo,
DE PONTUAL, *Fils*,	à Saint-Malo,
DE COETPEUR,	à Rennes.
DE BRUC,	à Broons,
VINCENT DE LA GUIMERAIS,	à Saint-Malo,
BECARD,	à Saint Malo,

DOL,

MESSIEURS,

à Dol,	*DE MONTLOUET,*
à Rennes,	*DE GRENEDAN,*
à Dol,	*DE LA CORNILLERE, Fils,*
à Châteauneuf,	*BEAUDOUIN,*
à Dol,	*DE LA TURRIE DES RIEUX,*
à Saint-Malo,	*DU ROUVRE.*

SAINT BRIEUC.

MESSIEURS,

à Saint Brieuc,	*RABEC, Chanoine,*
à Lamballe,	*DE TRAMIN,*
à Quintin,	*DIGAUTRAIS DES LANDES,*
à Quintin,	*BOITIDOUX,*
à Pontrieux,	*ARMEZ DU POURPRY,*
à Saint Brieuc,	*DE LA SALLE LE MÉE.*

TREGUIER.

MESSIEURS,

à Tréguier,	*L'ABBÉ DU LEZARD,*
à Morlaix,	*L'ABBÉ LA TOUCHE, Recteur de S. Matthieu de Morlaix,*
à Lannion,	*DE KERGARIOU,*

MARZIN, Maire de Morlaix,	à Morlaix,
DE VILLENEUVE CILLARD,	à Tréguier,
DE PORTVILLE,	à Guingamp.

LEON.

MESSSIEURS,

L'ABBÉ DE COURSON, Recteur de Ploüider,	à Landernau,
PODEUR, Recteur de Commana,	à Morlaix,
DE KERSAUSON DE COETANSCOUR,	à Landernau,
MAZURIER, Pere,	à Landernau,
D'AUMENIL,	à Morlaix,
DE KERMABON MARZIN.	à Roscoff,

Duquel dit Projet de Réglement & de la Liste ci dessus, lecture ayant été faite, les Etats, après avoir remercié MM. de la Commission du Commerce, ont approuvé & approuvent le tout ; ordonnent en conséquence que ledit Réglement & le Mémoire qui fut présenté aussi à l'Assemblée par ladite Commission le 28 Janvier dernier, seront envoyés à tous les Membres de cette

Société pour s'y conformer dans tout leur contenu.

Du Jeudi 10 *Février* 1757.

RAPPORT PARTICULIER de la Commission du Commerce.

MESSIEURS,

Vous nous avez fait l'honneur de nous charger de l'examen des observations que Monsieur de Gournay, Intendant du Commerce, a faites dans la Province sur l'Agriculture, le Commerce & les Arts; nous allons vous rendre compte de nos réflexions sur les objets proposés par ce Compatriote éclairé.

ART. I. *Presque tous les Arts qu'il est si important de perfectionner, ne peuvent faire de grands progrès sans le Dessein; c'est principalement par le goût supérieur dans cet Art que les Manufactures du Royaume se sont acquis la préférence sur celle des Etrangers. Les Villes de Rouen & de Rheims ont fondé des Ecoles publiques de Dessein. Nos Artistes & nos Ouvriers retireroient beaucoup d'avantages d'un pareil établissement.*

Sur le premier Article, les Etats ont, conformément à l'avis de la Commission, ordonné & ordonnent qu'il sera établi deux Maîtres de Dessein, un à Rennes, & l'autre à Nantes, lesquels seront tenus de donner, quatre jours de chaque semaine & trois heures de chaque jour, des Leçons publiques de leur Art à tous ceux qui se présenteront, & que celui de Rennes qui aura moins d'Ecoliers, sera en outre tenu d'enseigner les Eleves de l'Hôtel des Gentilshommes, aux jours & aux heures qui lui seront indiqués; & ont nommé & nomment le sieur Causiez pour Rennes, & le sieur Volaire pour Nantes, sur lesquels MM. de la Société des Arts auront l'inspection; & ont lesdits Etats accordé 500 liv. par an à chacun desdits Maîtres.

Délibération.

II. *La Manufacture de Toiles la plus importante de la Province n'a fait depuis long-tems aucun pas vers la perfection; perfectionner cette Manufacture, c'est en créer une nouvelle, c'est étendre l'Agriculture & le Commerce; pour y réussir, il ne faut peut-être qu'encourager les Ouvriers.*

Délibération. Sur le second Article, concernant la Manufacture de toiles qui est la plus importante de la Province, les Etats ordonnent que pour la perfectionner il sera accordé un prix de 300 liv. à celui des Fabriquans de la Province qui aura le plus parfaitement imité, tant pour la qualité, longueur & largeur, que pour le Blanc & le Pliage, une piéce de toile d'Hollande de la premiére qualité, dont il sera déposé un coupon pour modéle à Quintin, à Pontivy, à l'Houdeac, & dans les principaux lieux de Manufacture de la Province; & un prix de 200 liv. à celui qui imitera le mieux une Piéce de la seconde qualité, dont il sera aussi déposé un coupon dans les mêmes lieux, & ce, après que les Concurrens auront justifié que leur Toile a été fabriquée dans la Province, & avec des Fils du Pays.

III. *Les Manufactures de Papier sont en si petit nombre qu'elles ne peuvent employer les matiéres premiéres de la Province*

vince, leur travail grossier ne peut suffire au besoin du Pays ; l'ignorance & la paresse de nos Ouvriers est la seule cause du mauvais état de cette Fabrique ; il est nécessaire de leur donner des instructions & de leur proposer des récompenses ; ils pourroient imiter le Papier d'Hollande & celui de Gênes, dont les Espagnols font une si grande consommation, surtout au Perou.

Sur le troisiéme Article, concernant les Manufactures de Papier, les Etats ordonnent qu'il sera donné à ces Manufactures des instructions suffisantes sur leur fabrication, qu'il sera déposé dans les principaux Moulins à Papier des modéles de celui d'Hollande & de celui de Gênes, & que celui qui les aura mieux imités sera récompensé aux Etats prochains, & qu'on aura pour cela égard à la qualité & à la quantité de ces Papiers perfectionnés

Délibération.

IV. *Le sieur le Cocq de Kmorvan a établi à Quimperlé une Manufacture de Couvertures ; cet établissement est utile*

N

par l'emploi de nos Laines, & parce qu'il nous procure à meilleur marché une chose que nous serions obligés de tirer de l'Etranger ; une pareille Fabrique mérite d'être encouragée, on doit même faire des efforts pour l'étendre.

Déliberation. Sur le quatriéme Article, les Etats ont accordé & accordent dès-à-présent, au sieur le Cocq de Kmorvan, une somme de mille liv. pour soutenir son établissement; ordonnent qu'il lui sera payé en outre 500 liv. à la fin de la présente année 1757, & pareille somme à la fin de l'année 1758, à condition qu'il prouvera, par certificats valables, avoir formé chaque année dans sa Manufacture, six Eleves choisis dans les Hôpitaux de l'Evêché de Quimper par MM. de la Société des Arts.

V. *L'usage des Prairies artificielles faites avec une espéce de Trefle, connue sous le nom de Tremeine & des gros Navets ou Turneps, est très-avantageux ; il multiplie les pâturages, sans diminuer les cultures des grains ; cet usage est établi dans plusieurs parties de la Province, il seroit utile de le rendre général.*

On devroit auſſi exciter la culture de la Garence & du Paſtel ; ces Plantes ſont néceſſaires pour la teinture.

Le Commerce de la Cire & du Miel eſt un objet d'autant plus conſidérable, que la Cire de Bretagne eſt la meilleure du Royaume ; ce Commerce augmenteroit beaucoup, ſans l'ignorance des Laboureurs de pluſieurs cantons qui étouffent les Abeilles au lieu de les déloger.

Sur le cinquiéme Article, les Etats ont chargé & chargent leur Procureur-Général-Syndic en Bretagne, de ſe procurer des Mémoires & Inſtructions, qui ſeront imprimés aux frais des Etats, & diſtribués dans la Province par MM. de la Société d'Agriculture, & qu'il ſera auſſi envoyé aux Correſpondans de la Commiſſion Intermédiaire des graines de Tremeine, de gros Navets, de Garence & de Paſtel, leſquelles ſeront diſtribuées au prix coûtant, ſur la demande qui en ſera faite. Ordonnent de plus, que le Mémoire imprimé ſur la préparation du Chanvre, ſera répandu par la même voie dans la Province, au- *Délibération.*

quel effet l'Imprimeur des Etats a été chargé d'imprimer toutes les Lettres circulaires & les Avis que les Associés croiront nécessaires d'envoyer dans la Province.

VI. *Les Draps qui se fabriquent dans la Province, comme à Vannes & à Josselin, sont très-grossiers. Nous croyons cependant que nos Fabriquans, s'ils étoient instruits & encouragés, pourroient atteindre à la perfection des Draps de Lodéve & d'Elbeuf.*

Délibération. Sur le sixiéme article, les Etats ordonnent qu'il sera déposé dans chacune des Villes de Vannes & de Josselin, & dans les autres principaux lieux de Fabrique, un coupon de Draps de Lodêve & d'Elbeuf pour servir de modéle, & qu'il sera accordé une récompense de 10 liv. par piéce, à tous les Fabriquans de la Province qui auront bien imité le modéle.

VII. *M. le Recteur de la Paroisse de S. Matthieu de Morlaix a dans sa maison un Métier à deux Navettes, sur lequel le même Ouvrier fabrique à la fois deux Piéces de Toiles. M. du Sel des Monts en a fait monter un pareil, que nous avons vû, & dont nous avons reconnu l'utilité.*

Sur le septiéme article, sur les offres faites par M. du Sel des Monts d'instruire chaque année trois jeunes Garçons pris à l'Hôpital, à chacun desquels on donnera un Métier à deux Navettes, qui coutent environ 70 liv. piéce, ordonnent les Etats, qu'il leur sera fourni un Métier garni à chacun, pour commencer leur établissement, & ont chargé M. le Procureur-Général-Syndic en Bretagne, d'écrire à M. le Recteur de Saint Matthieu, pour l'engager à former aussi quelques éleves qui seroient traités de la même maniére. *Délibération.*

VIII. *Il se fabriquoit autrefois à Ancenis des Etamines; cette Manufacture, utile pour l'emploi de nos Laines, est presque entiérement tombée.*

Sur le huitiéme article, les Etats ont ordonné & ordonnent, que pour rétablir la Manufacture des Etamines qui se fabriquoient autrefois à Ancenis, il sera accordé une récompense de 40 sols par chaque piéce *Délibération.*

de 40 aunes fabriquée à Ancenis, qui imitera bien un coupon d'Etamine du Mans de 50 sols l'aune & au-dessus, déposé pour modéle chez le Correspondant de la Commission, & un prix de 50 liv. à celui qui aura le mieux réussi, lorsqu'au préalable il sera bien justifié que ces Etamines auront été faites à Ancenis.

IX. *La Demoiselle Vindack nous a fait voir un Rouet sur lequel elle file des deux mains à la fois; il seroit important d'étendre cette pratique.*

Délibération. Sur le neuviéme article, les Etats ont accordé & accordent à la Demoiselle Vindack, une récompense de 24 liv. pour chaque éleve qu'elle formera jusqu'au nombre de 12, & un Rouet à chacune de ces éleves.

X. *Pour augmenter le débit de nos Toiles, il seroit important de les pouvoir imprimer comme on fait en Silésie; plus nous varierons leur forme, plus la consommation en sera augmentée.*

Délibération. Sur le dixiéme Article, les Etats ont chargé & chargent leurs Députés & Procureur-Général-Syndic à la Cour, de faire des repréſentations preſſantes pour obtenir la permiſſion d'imprimer ſur le Lin.

XI. *Quoique la Province faſſe par elle-même une grande conſommation de Chapeaux fins, & que ſon Commerce lui donne occaſion d'en exporter des partis conſidérables, on n'y fabrique que des Chapeaux fort communs; Nous ſommes cependant mieux placés pour réuſſir dans cette Fabrication, qu'aucune Province du Royaume; nous ſommes plus à portée des matiéres premiéres; Nous éviterions de gros Droits, & nous augmenterions notre Commerce avec l'étranger.*

Sur l'onziéme Article, les Etats ont promis & promettent une récompenſe de 4 pour cent de la valeur, aux Ouvriers qui feroient dans la Province des Chapeaux de Caſtor, de la même qualité que ceux de Paris, & de 2 pour cent, à ceux qui feroient des demi Caſtor auſſi de la même qualité. *Délibération.*

XII. *Les Mines de Charbon de Terre, qui abondent dans cette Province, ſuppléeroient au bois qui commence à y manquer, & nous donneroient de nouvelles richeſſes, ſi l'exploitation n'en étoit pas gênée & comme défendue, par les priviléges exclusifs accordés à différentes perſonnes.*

Délibération. Sur l'Article douze, les Etats ont chargé & chargent leurs Députés & Procureur-Général-Syndic à la Cour, de ſolliciter fortement la ſuppreſſion des Priviléges accordés à ce ſujet, comme étant contraires à la diſpoſition de la Coutume, & de publier dans la Province, par MM. de la Société des Arts, que les Aſſociations ou Souſcriptions, qui pourront ſe faire ſur cet objet, ſeront protégées par les Etats.

XIII. *Il ſort de la Province de groſſes ſommes d'argent pour payer les Pierres de Moulage; cette ſeule obſervation prouve combien il ſeroit avantageux d'en découvrir des Carriéres dans la Province.*

Délibération. Sur le treiziéme Article, les Etats, pour en exciter la recherche, promettent une récompenſe de 2000 liv. à celui qui aura tiré dans la Province, les 100 premiéres Paires de Meules reconnues bonnes, & de 1000 liv. pour la ſeconde centaine.

XIV. *La culture du Lin, ſi floriſſante dans la partie Septentrionale de la Province, eſt fort négligée dans la partie du Midi; elle y ſuffit à peine à la conſommation du Colon. La graine du Pays qu'on y ſéme ne peut donner que des productions foibles & peu propres à encourager les Cultivateurs; il eſt néceſſaire de leur faire connoître l'avantage de ſe ſervir des Graines étrangéres.*

Délibération.

Sur le quatorziéme Article, les Etats ordonnent qu'il ſera fait fonds de la ſomme de 6000 liv. pour faire venir de la Graine de Lin de Riga & de Zélande, de la meilleure qualité, pour être diſtribuée dans les Evêchés de Rennes, Nantes, Vannes, Quimper, & dans la Partie Méridionale de celui de Saint-Malo, ſur le pied de neuf livres le Quintal, à laquelle diſtribution les Commiſſaires de l'Agriculture ont été chargés de veiller, & à ce que la ſemaille en ſoit effectuée.

XV. *Quoique les farines de Bour-*

deaux soient très souvent faites avec des grains de la Province, elles sont si supérieures aux nôtres, que tant qu'il y en a dans les Colonies, celles de Bretagne ne se vendent point. Il est étonnant que les approvisionnemens de Brest & de l'Orient, & les assortimens pour nos Colonies, soient de farine de Bourdeaux faites avec des bleds de Bretagne. Nous ne devrions pas laisser échapper une branche de Commerce si favorable à l'Agriculture & qui est entre nos mains.

Délibération. Sur le quinziéme Article, les Etats ont promis & promettent de récompenser à la prochaine Tenue, ceux qui auront fait dans la Province des établissemens propres à fournir des Farines semblables à celles de Nerac.

Délibération. XVI. Sur l'Article seiziéme, les Etats ont aussi promis une récompense à la prochaine Tenue, à tous ceux qui auront découvert de nouvelles Carriéres de Pierre à Chaux dans les lieux où il n'en a pas encore été trouvé.

Délibération. XVII. Les Etats ont chargé & chargent leur Procureur-Général,

Syndic résident en Bretagne, de procurer les modéles & instructions & les Graines dont il a été fait mention ci-dessus.

XVIII. *On commence sur nos Côtes à s'appliquer à la Pêche du Hareng, ce qui peut devenir un objet de Commerce considérable pour la Province.*

Sur le dix-huitiéme Article, les Etats pour encourager la Pêche du Hareng, ont chargé & chargent leurs Députés & Procureur-Général-Syndic à la Cour, de solliciter au Conseil la Franchise de tous Droits sur les Harengs pêchés sur les Côtes de la Province qui sortiront, soit pour l'étranger, soit pour y entrer par d'autres Ports, & de faire en conséquence tout ce qui sera convenable pour que l'on puisse jouir de cet avantage dès cette année. *Délibération.*

XIX. *Il a été bien démontré par un Mémoire des Consuls de Nantes, que la liberté du Commerce du Levant seroit une nouvelle source de richesses pour la Province. La Ville de Marseille en a eu jusqu'ici le privilége exclusif; les vœux de tous les Négocians se réunissent depuis long-*

tems pour partager un Commerce qui passe chez l'étranger, parce que Marseille seule ne peut suffire à son étendue, sur tout depuis qu'elle a entrepris le Commerce de nos Colonies.

Délibération. Sur le dix-neuviéme Article, les Etats ont chargé & chargent leurs Députés & Procureur-Général-Syndic en Cour, de faire les plus vives instances pour obtenir la liberté de ce Commerce, en demandant l'exemption du droit de 20 pour cent, sur les Marchandises qui seront apportées du Levant dans la Province & introduites dans le Royaume, en demandant aussi à être soumis à toutes les précautions que le Ministre jugera nécessaires.

XX. *Nous vous avons proposé, Messieurs, beaucoup d'encouragemens pour augmenter l'industrie de nos Artistes & perfectionner nos Manufactures; plus nous pourrons avoir de ces établissemens, & plus nous tirerons parti de nos avantages naturels; c'est ce qui nous a porté à faire attention à la Requête du sieur Macoulif, que vous nous avez renvoyée. Ce Fabriquant s'est fait con-*

noître à Nantes par des essais fort heureux. Il propose d'établir une Manufacture de différentes Etoffes de Laines qui ne se fabriquent point dans le Royaume, & qui font partie du grand Commerce d'Angleterre ; les essais que nous en avons vû donnent des idées très favorables de cette proposition ; il promet d'établir d'ici à la Tenue prochaine 70 à 80 Métiers battans, & de les entretenir pendant 10 ans ; il s'oblige à employer dans ces Etoffes deux tiers au moins de Laines de la Province, à former chaque année douze Apprentifs, dont six seront pris dans les Hôpitaux, & les six autres au choix de la Société des Arts.

Sur le vingtiéme Article, les Etats pour engager le Sieur Macoulif à établir sa Manufacture dans la Province, lui ont accordé & accordent, pendant dix ans, une récompense d'un sol par aune d'Etoffe au-dessous de 40 f. l'aune, de 2 f. depuis 40 f. jusqu'à 3 liv. l'aune, & de 3 f. au-dessus de 3 liv. l'aune, des Etoffes semblables aux échantillons qu'il a fait voir à la Commission, & qui

Délibération.

ſeront dépoſés, pour ſervir de comparaiſon, au Bureau de la Société des Arts.

XXII. *Les Raffineries de ſucre de la Province, qui faiſoient autrefois une branche conſidérable de Commerce, ſont preſqu'entiérement tombées par les Droits dont on a chargé les Sucres qui s'y raffinent; c'eſt une injuſtice envers les Raffineurs & une perte évidente pour la Province. La Requête des Raffineurs de Nantes expoſe d'une maniére frapante la néceſſité de ſoutenir ces Etabliſſemens.*

Délibération. Sur le vingt-deuxiéme Article, les Etats chargent leurs Députés & Procureur-Général-Syndic à la Cour, de ſolliciter pour & en faveur des Raffineries de Bretagne. 1°. La liberté d'envoyer, tant dans les Pays étrangers, que dans les Provinces de France réputées étrangéres, les Sucres qui s'y fabriquent par acquit à caution; comme le font les Raffineries de Diépe, Rouen, Bourdeaux, La Rochelle & Cette.

2°. La jouiſſance, pour les Sucres raffinés dans la Province, dont la matiére proviendra de la Traite des Noirs, de l'exemption de la moitié des droits ſur toutes les Marchandiſes qui en proviennent.

3°. La réduction des droits des Sucres raffinés au taux de ceux du Sucre brut qu'ils repréſentent, c'eſt-à-dire, à raiſon de 68 liv. 2 ſ. du millier.

4°. La liberté de faire entrer les Sucres raffinés par tous les Bureaux du Royaume.

XXIII. *Vous avez renvoyé, Meſſieurs, à la Commiſſion du Commerce un Mémoire concernant les Fabriques & le Commerce des Toiles, c'eſt l'ouvrage du ſieur de Coiſy, Inſpecteur Général de ces Manufactures, dont les appointemens, ainſi que ceux de quatre Inſpecteurs de pluſieurs Commis, & les frais de Bureau ſont ſupportés par les Marchands & Fabriquans de la Province. Une partie de ces Droits ſe levent ſur les Toiles, en les viſitant ou en les marquant; l'autre partie qui eſt de 4200 liv. eſt levée par forme d'impoſition tant ſur les Marchands de Draps, Soieries & Merceries des Villes de la Province, que ſur les Fabriquans de Draps & de petites Etoffes ; cette ſomme eſt repartie par Ordonnance de M. l'Intendant.*

Il nous a paru avantageux pour le Commerce de propoſer aux Etats de ſe charger de payer cette ſomme de 4200 liv. laquelle eſt pour ceux qui la ſupportent aujourd'hui, une ſource de plaintes améres & de découragement.

Nous avons penſé différemment ſur les Droits de viſite & de marque ſur les Toiles ; ces Droits ont été établis depuis peu en créant les Inſpecteurs des Manufactures. Si l'Inſpection eſt utile, il n'eſt pas douteux qu'elle ſera plus exacte quand les appointemens des Inſpecteurs dépendront de l'exercice de leur emploi ; mais ſi elle eſt inutile, ſi l'on s'appercevoit même qu'elle pût diminuer le Commerce au lieu de l'augmenter, ne pourrions-nous pas eſpérer que la Cour en ſupprimant les Employés éteindroit des Droits établis pour former leurs appointemens ?

En ſuſpendant notre Jugement ſur l'Inſpection, nous rendons juſtice à l'Inſpecteur ; ſon zele nous a paru loua-

ble, ses connoissances sur le Commerce de la Province étendues ; vous avez pû, MM. vous appercevoir dans notre rapport que nous avons même adopté quelqu'unes des observations contenues dans le Mémoire qu'il a donné.

Sur le vingt-troisiéme Article, les Etats ont ordonné & ordonnent, que pour décharger les Marchands de Draps, Soieries & Merceries de la Province, & les Fabriquans de Draps & de petites Etoffes de la somme de 4200 liv. qui se levoit sur eux par forme d'imposition & par chacun an, il sera fait fonds dans la présente Tenue, de la somme de 8400 liv. à raison de 4200 liv. pour chacune des années 1757 & 1758, pour & au profit du sieur de Coizic & autres Inspecteurs & Commis ; au moyen de la présente Délibération lesdits Marchands & Fabriquans demeureront entiérement déchargés de ladite somme de 4200 liv. pour les mêmes années 1757 & 1758. *Délibération.*

Sur le vingt-quatriéme Article, les Etats ont exempté & exemptent, pendant vingt ans, de toutes impo- *Délibération.*

ſitions réelles, les terres nouvellement défrichées, & l'on demandera qu'elles ne ſoient point auſſi ſujettes à la Dixme pendant le même eſpace de temps ; & ont en conſéquence chargé & chargent leurs Députés & Procureur-Général-Syndic en Cour de ſolliciter un Arrêt du Conſeil à cet effet, & dont l'exécution commencera du premier Janvier 1757.

Les Etats ont accordé par l'Article 27 à la Manufacture de M. du Sel des Monts, l'encouragement propoſé par la Commiſſion, d'un ſol par Mouchoir, d'un ſol par aune d'Etoffe de trois quarts de laiz & au-deſſous, & de deux ſols par aune au-deſſus de trois quarts de laiz. (*a*)

Les Etats ont auſſi accordé par l'Article 29 à différentes Communautés, pour le rétabliſſement de leurs Ports, la ſomme de 118 mille livres, & ont nommé M. Magin, Ingénieur de la Marine, pour la Direction de

(*a*) Les Obſervations, que nous avons trouvées dans le Mémoire imprimé de M. du Sel des Monts, nous ont été fort utiles.

tous les travaux des Ports & Havres, des Fontaines publiques, & desséchement des Marais.

Sur le trente-deuxiéme Article, au sujet des Habitans de Bourgneuf, les Etats ont ordonné & ordonnent, que lorsqu'à la réquisition des Négocians dudit lieu, quelqu'uns des Navires étrangers, ou François, qui viendront faire le Commerce, & qui auront jetté leur leste dans la Rade, pour éviter les frais du délestage à terre, auront été condamnés à l'amende prescrite par les Ordonnances, & que les preuves en auront été administrées aux Commissaires des Etats, M Magin se rendra sur les lieux pour examiner ce qu'il seroit avantageux d'y faire, pour en rendre compte aux Etats prochains. *Délibération.*

Sur le trente-troisiéme Article, les Etats ont chargé & chargent M. Magin d'examiner l'état des Ports de Hennebond, Rhedon, Paimpol & la Rochebernard, pour rendre compte à la Tenue prochaine, des ouvrages qu'il conviendroit y faire, avec un état de la dépense. *Délibération.*

Délibération. Et finalement, les Etats ont chargé & chargent la Commiſſion du Commerce d'extraire les parties dont il eſt néceſſaire que le Public ait connoiſſance, pour les faire imprimer & diſtribuer aux frais des Etats.

Du Mardi 15 *Février* 1757.

Délibération. M. de la Bourdonnaye a repréſenté que pluſieurs Membres de l'Aſſemblée ont déſiré qu'il fût propoſé de nommer M. l'Evêque de Rennes, M. le Duc de Rohan, M. de Silguy, M. d'Amilly, premier Préſident du Parlement, M. le Bret, Intendant, M. le Préſident de Montboucher, M. le Préſident de Montluc, & M. de la Chalottais, Procureur Général du Parlement, Aſſociés de la Société de l'Agriculture, du Commerce & des Arts, ce qui a été agréé par les Etats.

BREVET DU ROI,

QUI confirme l'établiſſement d'une Société d'Agriculture, de Commerce & des Arts en Bretagne.

AUJOURD'HUI 20 Mars 1757, le Roi étant à Verſailles, s'étant fait rendre compte des Délibérations priſes par les Etats de Bretagne, aſſemblés à Rennes les 28 Janvier, 2 & 15 Février derniers, par leſquelles ils auroient approuvé l'établiſſement propoſé à l'Aſſemblée, par les ſieurs Députés à la Commiſſion du Commerce, d'une Société d'Agriculture, de Commerce & des Arts en ladite Province, laquelle ſeroit compoſée, dans chaque Evêché, de ſix perſonnes chargées de travailler au progrès de ces trois parties, & de correſpondre avec un Bureau Général établi à Rennes, le tout en la maniére portée par le

Réglement pareillement proposé auxdits Etats ; & Sa Majesté jugeant à propos d'autoriser & d'encourager un Etablissement, que l'expérience pourra conduire à une plus grande perfection ; mais dont l'objet ne peut toujours être que fort utile à ladite Province & à l'Etat ; Sa Majesté a approuvé & confirmé, approuve & confirme lesdites Délibérations des 28 Janvier, 2 & 15 Février derniers : permet aux Associés agréés par lesdits Etats de s'assembler dans les tems & les lieux & en la maniére portée par ledit Réglement, pour vaquer aux opérations y énoncées, sans que pour raison de ce, il puisse leur être apporté aucun trouble, ni empêchement; & pour assurance de sa volonté, Sa Majesté m'a commandé d'expédier le présent Brevet qu'elle a signé de sa main, & fait contresigner par moi Conseiller-Secrétaire d'Etat, & de ses Commandemens & Finances. *Signé*, LOUIS ; *Et plus bas* : PHELYPEAUX.

Extrait de la Préface du Traité de la culture des terres, *Tom.* V.

Nous voyons l'objet qui nous anime, mériter une attention toute particuliére de la part des Etats d'une des plus grandes Provinces du Royaume; (la Bretagne). On vient d'y établir avec l'agrément du Roi, une Commission uniquement destinée à encourager, à protéger, à récompenser & exciter l'émulation sur l'objet de l'Agriculture & du Commerce. C'est dans les Comités de ces Etats, que l'on voit des citoyens de tous les ordres, se mettre de niveau pour travailler au bien général de la Province; la distinction n'y est accordée qu'aux lumiéres, au zéle, aux succès, en un mot qu'à celui qui se montre le plus citoyen. Si cet esprit seul anime tous ses Membres, que ne doit-on pas attendre d'une telle association?

Extrait du Journal de Trévoux, Juin 1757.

Article LXVII. *des Nouvelles Littéraires.*

Etabliſſement d'une Société d'Agriculture, de Commerce & des Arts dans la Province de Bretagne par Délibération des Etats. 1757. (*In-4°. pag.* 26.) chez Joſeph Vatar, &c.

Voici une ſorte d'Académie qui ne fera naître, ni critique, ni plainte ſur ſon établiſſement; qui ne donnera point lieu à cette queſtion devenue célébre, *s'il eſt à propos de multiplier les Académies & juſqu'à quel point il eſt à propos de les multiplier.* Le Mémoire que nous avons ſous les yeux, & que nous annonçons, eſt un écrit plein de ſageſſe, d'attention, de Patriotiſme; *& nous n'avons rien vû* en ce genre, où le concert des lumières, de la probité, de la générоſité, de l'amour du bien public, ſe faſſe connoître par des traits plus ſenſibles.

La

La Province de Bretagne en corps convient d'abord que dans ſon ſein l'Agriculture, les Arts, le Commerce ſont trop négligés ; & d'après les invitations de deux compatriotes très-zèlés, (M. de Montaudouin & M. de Gournay Intendant du Commerce) elle prend la réſolution de veiller avec ſoin ſur ces trois grands objets. En conſéquence les Etats forment une Commiſſion de dix-huit perſonnes, ſix de chaque Ordre, (Clergé, Nobleſſe, tiers-Etat,) & il réſulte de ce Bureau un excellent Mémoire qu'on trouve ici. C'eſt le projet d'une Société d'Agriculture, des Arts & de Commerce. Elle ſera compoſée dans chaque Evêché, (il y en a neuf en Bretagne) de ſix perſonnes ſans diſtinction d'ordre : les meilleurs citoyens & les plus experts ſont préférés.

Voilà cinquante-quatre Aſſociés, dont l'objet capital doit être de porter des lumières dans tout ce qui concerne l'Agriculture, les Arts & le Commerce. L'Agriculture eſt ici en chef comme la partie principale ;

& nous ne doutons point que ces hommes intelligens ne tournent le plus grand effort de leurs réflexions vers les moyens d'étendre, d'améliorer, de perfectionner la culture des terres. Ils ſavent parfaitement que ſans le travail du cultivateur, la main de l'artiſte & l'activité du Commerçant ſeroient deux ſources de deſtruction dans l'Etat. Auſſi voyons-nous dans le Mémoire qu'on embraſſe toutes les branches de la Culture. La Société une fois établie portera bien plus loin ſes vûes; & cette belle Province déja ſi féconde en Guerriers & en hommes de Lettres, ſera auſſi dans peu d'années, la mere & la maîtreſſe des vrais nourriciers des peuples & des Rois : qualité que la Providence attache, par préférence, à la condition & à l'induſtrie des cultivateurs.

Après la culture des terres, les Etats de Bretagne conſidérent les Arts, c'eſt-à-dire, les Manufactures de diverſes eſpéces; & nous voyons avec tout le ſentiment qu'inſpirent la vérité & la reconnoiſſance, qu'ils préférent en tout, les Arts de nécessité aux Arts de luxe. Nous trouvons ici des Fabriques de toiles, d'étamines, de couvertures, de chapeaux; & nulle part des Atteliers d'étoffes d'or, de glaces, de Porcelaine; beaucoup moins des Ecoles de Peintres, de Sculpteurs & de Musique. Ce n'est pas que les Etudes de ce genre ne doivent être honorées & protégées; mais il convient de les réduire à peu de personnes, à peu de villes, à peu d'entreprises. La Capitale offre assez d'objets de ces beaux Arts. Il faut ailleurs des bras, de la force, de la constance, des vûes fixées au nécessaire, au solide, aux besoins de la Patrie & des Citoyens.

La délibération des Etats, établit il est vrai, deux Maîtres de dessein, l'un à Rennes, l'autre à Nantes; mais on n'a en vûe que la perfection des Manufactures : & il est prouvé en effet par le raisonnement & par l'expérience, que toutes choses d'ailleurs égales, la main-d'œuvre est infiniment meilleure quand elle eſt dirigée par les leçons du deſſinateur. Il ſera de l'attention des Aſſociés, de borner communément les éléves de deſſein aux Arts de néceſſité & de plus grande utilité. Il eſt arrivé quelquefois que, par ces inſtitutions, on a prétendu former des Charpentiers, des Menuiſiers, des Forgerons, des Tiſſerands, &c. & qu'on n'a vû néanmoins que des Artiſans de luxe & de frivolités, qui ont quitté la Province pour aller ſervir les paſſions de la Capitale.

La Province de Bretagne eſt ſingulièrement placée pour le Commerce du dedans & du dehors. Après l'avoi vû embarquer des guerriers & des foudres à Breſt, il eſt beau de la voir à Nantes, à l'Orient, à Saint Malo, devenir l'entrepôt du monde entier. Il s'agit donc d'animer le Commerce; & c'eſt ce que le Mémoire approuvé par les Etats embraſſe avec un zèle qui doit mettre beaucoup d'ardeur dans des ames Françoiſes & Bretonnes. Il faut lire toutes les diſpoſitions qui ont mérité les ſuffrages de l'Aſſemblée des trois

Ordres ; il faut calculer toutes les ſommes que ce Corps reſpectable deſtine à l'encouragement des Cultivateurs, des Artiſtes & des Commerçans ; à la viſite & à la réparation des Ports ; à l'exploitation des Mines & des Carrières ; à l'inſtruction des éléves en diverſes ſortes d'Arts & de Fabriques, &c. Enfin le lecteur doit donner une attention diſtinguée à la dernière délibération, qui eſt du Mardi 15 Février dernier. On y nomme pour Aſſociés de la Société de l'Agriculture, des Arts & du Commerce, huit perſonnes des plus Titrées de la Province. (1) Ces MM. ne prennent pas même la qualité de Protecteurs & d'Honoraires ; ils ne veulent être que les Collégues & les Adjoints de cinquante-quatre citoyens répartis dans les neuf Diocèſes. Nous ne doutons pas qu'un goût d'égalité, ſi noble &

(1) Entr'autres M. l'Evêque de Rennes, M. le Duc de Rohan, M. le Premier Préſident du Parlement, M. l'Intendant, M. le Procureur Général, &c.

ſi approprié aux circonſtances, ne produiſe une grande émulation. *Il ſeroit à ſouhaiter que ce Mémoire fût répandu dans toutes nos Provinces, & qu'on en fît une lecture publique dans toutes les Communautés municipales.*

Journal Encyclopédique, 15 *Juin* 1757, pag. 85.

Etabliſſement d'une Société d'Agriculture de Commerce & des Arts en Bretagne.

Eſt-il rien au monde de plus intéreſſant que les trois objets de cet établiſſement, & ſur-tout le premier (l'Agriculture) qui a toujours fixé l'attention des premiers Légiſlateurs? Romulus pour en donner à ſes ſujets la haute idée qu'il en avoit, inſtitua des Prêtres, (les Arvales) dont le principal Miniſtère étoit d'offrir aux Dieux les prémices de la terre, & de les implorer pour obtenir des récoltes abondantes; ce Légiſlateur ne dédaigna pas de ſuccéder à un de ces Prêtres qui étoit mort, tant il honoroit leurs fonctions ! Nous ne parlerons point de tous les grands hommes de l'antiquité, qui avant & après les plus grandes victoires, après avoir tenu les rênes des Empires les plus florissans, employoient le reste de leur vie à la culture de la terre. Ces traits sont connus : mais l'établissement dont nous allons rendre compte, ne l'est pas encore ; il mérite de l'être, il peut donner des vûes, *exciter l'émulation de quelques Provinces* & des Etats voisins.

Les Peuples qui n'ont envisagé la culture des terres que du côté de la subsistance, ont toujours vécu dans la crainte des disettes & les ont souvent éprouvées ; ceux au contraire qui l'ont regardée comme un objet de Commerce, ont joui d'une abondance assez soutenue, pour se trouver toujours en état de suppléer aux besoins des étrangers.

Les Etats de Bretagne, voyant avec douleur que l'Agriculture, le Commerce & les Arts étoient trop négligés dans cette Province, ont formé une Société dans chaque Evêché de la Bretagne, (au nombre de neuf) composée de six citoyens, hommes intelligens qui veulent bien consacrer leur vie au bonheur de leur pays. La Province fournira chaque année des fonds considérables destinés à l'encouragement des Cultivateurs, des Artistes & des Commerçans, à la réparation des Ports, à l'exploitation des Mines & des Carrières, &c.

S'il nous étoit permis de parler ici au nom de la Société générale, quels éloges, quels tributs d'admiration & de reconnoissance ne rendrions-nous pas aujourd'hui aux Etats de Bretagne, pour avoir formé un pareil établissement, & au Monarque qui vient de le revêtir de son autorité, par un Brevet de confirmation qui mérite d'être rapporté, il est conçu en ces termes, &c.

Ce n'étoit point assez pour le Ministère de France d'avoir fait une nouvelle police pour les grains, d'avoir accueilli ceux qui ont donné les moyens de les conserver, ou de les guérir de leurs maladies; il falloit encore de nouvelles vûes aux Provinces où il y avoit quantité de terres incultes, & qui ne l'étoient que parce qu'on ignoroit à quelle culture elles étoient propres. Il est constant que le seul moyen de se procurer un *Code* général d'Agriculture est de rassembler les diverses observations, que peuvent fournir dans chaque Province, chaque nature du sol ; c'est dans cette vûe que la nouvelle Société vient de donner au public le Mémoire suivant, &c.

Nota. C'est l'Extrait d'un excellent Mémoire sur la culture du grand treffle des prés à fleurs rouges. Le Journaliste en disant que l'Auteur se propose d'en faire des *prairies artificielles* dans les terrains où les prairies naturelles viennent difficilement, ajoûte cette note importante. *Les Anglois conviennent qu'ils ne doivent les succès de leur Agriculture qu'à ces sortes de prairies.*

Mercure de France, Juillet 1757.
Pag. 95.

Etablissement d'une Société d'Agriculture, de Commerce & des Arts dans la Province de Bretagne, par Délibérations des Etats 1757. A Rennes, chez, &c.

On ne peut trop louer un si bel établissement, ni M. de Montaudouin, Négociant de Nantes, à qui la Bretagne en est redevable. Il en a formé le premier Projet. Son zèle & ses lumières lui méritent à juste titre celui de citoyen dans toute l'étendue & la force du mot.

Nous allons joindre à cette annonce le Mémoire dont M. l'Abbé de Notre-Dame de Ville-Neuve a fait part aux Etats, pour lui & pour MM. ses Codéputés à la Commission du Commerce, avec le Brevet qui confirme cet établissement. *Rien n'est plus digne d'être consacré dans les papiers publics*, & n'est plus honorable pour la Province de Bretagne.

Messieurs, &c.

Journal des Sçavans, Août 1757.
Pag. 519.

Les Députés de la Commiſſion du Commerce, nommés par les Délibérations des Etats de Bretagne du 11 Décembre de l'année dernière, ayant examiné un Mémoire de M. de Montaudouin de Nantes, ſur les moyens de favoriſer l'Agriculture, les Arts & le Commerce dans la Province de Bretagne, &c.

Voilà *un des plus beaux établiſſemens* qu'on puiſſe former, puiſqu'il tend *directement* à augmenter la richeſſe de l'Etat & à rendre le peuple heureux: & il eſt bien glorieux à M. de Montaudouin, d'avoir été le premier mobile d'une entrepriſe ſi utile à ſa Province.

Les mêmes Députés de la Commiſſion du Commerce, ayant examiné les obſervations de M. de Gournay, Intendant du Commerce, ſur l'Agriculture, le Commerce & les Arts, ils ont applaudi au zèle & aux lumières de leur illuſtre Compatriote, & les Etats adoptant chacune de ces obſervations, ont en conſéquence établi deux Maîtres de deſſein, l'un à Rennes, l'autre à Nantes; ont fixé des récompenſes pour le Directeur & les ouvriers de diverſes Manufactures de toiles, de papier, de couvertures, d'étamines, de chapeaux, de draps, &c. déja établies en Bretagne; ont pris des moyens pour favoriſer la culture des Treffles & des Turneps propres aux pâturages, celle de la Garance & du Paſtel, & ſurtout celle du Lin, la fabrication des farines ſemblables à celles de Bordeaux & de Nérac, (1) pour perfectionner les rafineries de ſucre, rendre la pêche du hareng plus conſidérable, & procurer ainſi à la Province tous les avantages dont elle eſt ſuſceptible.

---

(1) Ce qu'il y a de ſingulier à l'égard de ces farines, c'eſt qu'elles ſont faites avec le blé de Bretagne, & qu'on les revend enſuite aux Bretons. La difficulté qu'ont ces derniers ..... vient des meules.

Journal Economique, Novembre 1757. Pag. 124.

Etabliſſement d'une Société d'Agriculture, de Commerce & d'Arts dans la Province de Bretagne.

Nous voyons enfin commencer l'accompliſſement de nos déſirs par l'établiſſement que les Etats de Bretagne viennent de faire pour perfectionner l'Agriculture, le Commerce & les Arts ; & ce qui redouble notre joie, eſt de voir faire ce bien dans le même tems où l'on devroit le moins l'attendre. Le zèle des Etats pour la gloire du Roi & le bonheur du pays eſt tel, que ſe trouvant encore reſſerré dans la vaſte carrière d'une guerre maritime, où la valeur Bretonne eſt en poſſeſſion de ſe diſtinguer, il embraſſe tous les ſoins que juſqu'à ce jour on ne croyoit pouvoir prendre que dans le ſein de la paix. Ainſi l'olive & le laurier formeront en même tems la couronne qui lui eſt dûe ; & la noble émulation qu'il doit exciter dans les autres Provinces, prononcera ſon éloge toutes les fois qu'elle voudra ſe faire connoître.

Nous ne détaillerons point les avantages qui réſulteront de l'établiſſement de cette Société, par l'abondance des fruits de la terre, la perfection des ouvrages, & l'exportation multipliée des uns & des autres ; il n'eſt perſonne qui ne les apperçoive du premier coup d'œil, & qui ne ſoit ébloui à la vûe des richeſſes qu'ils doivent procurer : un objet plus doux & tout autrement eſſentiel pour la félicité de l'homme, nous attire & nous charme. C'eſt l'heureux concert qui va s'établir entre toutes les conditions par les travaux de cette Société. Quoiqu'inſéparablement attachés les uns aux autres, par de ſecrets liens que la Providence a formés, les différens Etats qui partagent les hommes, fraterniſent enſemble. Les Supérieurs trop enflés de la nobleſſe de leurs occupations, dédaignent les inférieurs, dont ils n'approfondissent pas assez l'utilité ; & ceux-ci dans les travaux qui les accablent, surchargés d'un mépris injuste sont rongés par une triste jalousie, & tombent dans une funeste langueur par un dégoût dont ils ne peuvent se préserver. Ainsi sans force & sans courage ils ne travaillent que par nécessité, toujours à regret & rarement avec succès ; & leur foiblesse augmentant de jour en jour, l'édifice politique qui porte sur eux, & dont ils sont les uniques fondemens, ne conserve plus qu'une vaine apparence de grandeur, menacé qu'il est sans cesse d'une ruine prochaine.

La Société de Bretagne apportera à ces maux le reméde le plus efficace. Ses dignes Membres occupés à éclairer & guider les conditions inférieures, en consolant ceux dont ils partageront les travaux, apprendront aux autres à juger plus sainement de l'Agriculture & des Arts, & à ne mépriſer que l'orgueil & l'oiſiveté. Inſtruits par leurs propres expériences de la peine que coûtent, & les tréſors que l'on peut tirer du ſein de la terre, & l'art de mettre en œuvre les productions de la nature, ils feront eſtimer l'état du Cultivateur & celui de l'A tiſan, qui partageront enfin, ainſi que le Négociant, cette gloire ſolide de la proſpérité du Royaume, dont les conditions ſupérieures ont le privilége d'étaler la pompe. Alors les eſprits de part & d'autre étant adoucis, on prendra mutuellement de meilleurs ſentimens; on ſe rapprochera par eſtime & on ſe ſoutiendra par amitié, & la concorde jettant de profondes racines dans tous les cœurs, rendra beaucoup plus douce & plus durable l'abondance que le travail fera naître.

Tels ſeront infailliblement les fruits de l'établiſſement formé par les Etats de Bretagne, dont nous rapporterons le plan. On y verra avec quelle exactitude ils ont porté leurs regards

regards ſur tous les objets capables de faire fleurir cette Province ; les ſecours néceſſaires ſeront fournis & les récompenſes ſagement aſſurées ; & ſi celles que mérite la meilleure préparation du chanvre n'avoient pas échapé à leur attention, rien ne nous paroîtroit à déſirer.

Qu'il nous ſoit permis de repréſenter aux Etats, avec tout le reſpect que nous leur devons, que l'impreſſion & la diſtribution qu'ils ordonnent du Mémoire ſur la nouvelle méthode de préparer le chanvre, (art. 7.) ne paroiſſent pas tout-à-fait ſuffire, pour que les Manufactures de toiles arrivent à leur grande perfection. Le fondement de la belle toile eſt le beau fil, & toute l'induſtrie de l'Artiſan ne peut tout au plus que pallier les défauts du fil qu'il employe. Mais on n'obtient de beau fil qu'avec de la belle œuvre ; & c'eſt préciſement la préparation de l'œuvre qu'enſeigne le Mémoire en queſtion, qui ſans doute eſt celui de M. Marcandier, inſéré dans notre

Journal de Septembre 1755. Or, pour faire adopter cette méthode à des peuples toujours grossiérement attachés à leurs usages, c'est un moyen bien foible que la distribution d'un imprimé, si la vûe d'une récompense ne les excite à quitter leur routine. Il nous paroît donc qu'en cette occasion quelques prix modiques donnés dans chaque Evêché pendant quelques années, mettroient bientôt en vigueur cette préparation si importante, que sans elle on aura de la peine à faire des toiles d'une certaine beauté. Et d'autant que par la méthode de M. Marcandier, on tire du chanvre d'aussi beau fil que du lin & même d'une supérieure qualité, les Etats s'épargneroient la dépense à laquelle ils s'engagent, (art. 14.) pour faire venir de la graine de lin de Riga & de Zélande. Les terres propres au chanvre, étant en France infiniment plus communes que celles que le lin demande, c'est un point capital d'apprendre aux Peuples à tirer du chanvre tout le parti poſſible; & puiſque le moyen en eſt trouvé, l'intérêt public veut que l'on anime tout le monde à le mettre en pratique.

Les Etats n'ont rien ſtatué ſur la culture de la cire & du miel, (art. 5.) Il n'étoit pas poſſible qu'ils euſſent alors connoiſſance de la nouvelle conſtruction des ruches de bois de M. Palteau, dont le livre n'a paru à Metz que vers la fin de l'année dernière. Nous eſpérons que le compte que nous en avons rendu cette année le fera paſſer juſqu'en Bretagne, & que les ſolides inſtructions qu'il renferme, engageront les Etats prochains à prendre ſur cet article des réſolutions dignes de la ſageſſe qui éclate dans l'établiſſement qu'ils ont formé.

Au reſte, nous remarquerons que cette Société n'eſt point le Bureau d'Agriculture, exerçant un pouvoir deſpotique ſur les cultivateurs & les fruits de la terre, imaginé & déſiré avec tant d'ardeur par pluſieurs Auteurs œconomiques, contre lequel nous n'avons point cessé de nous élever. C'est une véritable Académie, avec ses correspondances nécessaires, pour chercher ce qu'il y a de mieux & le faire exécuter de plein gré. *Il ne seroit pas difficile de faire la même chose en faveur des Provinces qui n'ont point d'Etats ;* mais le dévelopement de cette idée nous méneroit loin.

Essai sur l'amélioration des terres, par M. Pattullo, *pag.* 268.

Les Etats de Bretagne viennent de faire un établissement d'un genre supérieur, *capable de changer la face de cette Province, peut-être dans la suite de tout le Royaume*, soit qu'il s'y en fasse de semblables à son exemple, ou qu'on y profite seulement des lumières qu'on en verra infailliblement sortir.

Il ne se peut voir rien de plus sage

& de mieux concerté que les délibérations qui en ont été publiées, rien de plus digne du Corps d'élite à qui la Province remet sa voix & sa bourse, pour en disposer à la gloire & prospérité publique.

La proposition qu'elle y fait de différens prix pour toutes les branches qu'elle desire de perfectionner, est un moyen infaillible & qu'on peut hardiment multiplier, la dépense n'en pouvant jamais entrer en aucune comparaison avec l'industrie qu'il est d'expérience qu'ils excitent.....

Les Etats des Provinces pourroient aussi comme ceux de Bretagne, établir des Sociétés d'hommes instruits & éclairés, qui travaillassent continuellement à la recherche des moyens d'améliorer les biens fonds, & de faciliter le Commerce des denrées du crû de leurs Provinces ; pour fournir enfin au Gouvernement, sur des objets si essentiels à la prospérité de l'Etat & à la puissance du Souverain, des détails qui manquent &

qui exigent que d'habiles gens s'y donnent en divers lieux tout entiers.

APPROBATION.

J'Ai lû par ordre de Monseigneur le Chancelier un Manuscrit intitulé : *Ecole d'Agriculture*. Je n'y ai rien trouvé qui pût en empêcher l'impression ; je pense au contraire que les vûes louables & utiles de l'Auteur doivent engager à la permettre. Ce 26 Octobre 1758.

GUETTARD.

PRIVILEGE DU ROI.

LOUIS, par la grace de Dieu, Roi de France & de Navarre, à nos amés & feaux Conseillers les gens tenans nos Cours de Parlement, Maîtres des Requêtes ordinaires de notre Hôtel, Grand Conseil, Prévôt de Paris, Baillifs, Sénéchaux, leurs Lieutenans Civils, & autres nos Justiciers qu'il appartiendra : SALUT. Notre bien amé JACQUES ESTIENNE Libraire à Paris, Nous a fait exposer qu'il désiroit faire imprimer & donner au Public un Ouvrage qui a pour titre : *Ecole d'Agriculture* s'il nous plaisoit lui accorder nos Lettres de permission pour ce nécessaires. A CES CAUSES voulant favorablement traiter l'Exposant, Nous lui avons permis & permettons par ces Présentes de faire imprimer ledit Ouvrage autant de fois que bon lui semblera & de le vendre, faire vendre & débiter par tout notre Royaume, pendant le tems de trois années consécutives, à compter du jour de la date des Présentes ; Faisons défenses à tous Imprimeurs, Libraires & autres personnes de quelque qualité & condition qu'elles soient d'en introduire d'impression étrangere dans aucun lieu de notre obéissance. A la charge que ces présentes seront enregistrées tout au long sur le Registre de la Communauté des Imprimeurs & Libraires de Paris, dans trois mois de la date d'icelles ; que l'impression dudit Ouvrage sera faite dans notre Royaume & non ailleurs, en bon papier & beaux caractéres, conformément à la feuille imprimée attachée pour modele sous le contre-scel des Présentes; que l'impétrant se conformera en tout aux Réglemens de la Librairie, & notament à celui du 10 Avril 1725, qu'avant de l'exposer en vente, le Manuscrit qui aura servi de copie à l'impression dudit Ouvrage, sera remis dans le même état où l'Approbation y aura été donnée ès mains de notre très-cher & féal Chevalier Chancelier de France, le sieur DE LAMOIGNON, & qu'il en sera ensuite remis deux Exemplaires dans notre Bibliothéque publique, un dans celles de notre Château du Louvre, & un dans celle de notre très-cher & féal Chevalier Chancelier de France, le Sieur DE LAMOIGNON: le tout à peine de nullité des Présentes. Du contenu desquelles vous mandons & enjoignons de faire jouir ledit Exposant & ses ayans causes pleinement & paisiblement, sans souffrir qu'il leur soit fait aucun trouble ou empêchement. Voulons qu'à la copie des Présentes qui sera imprimée tout au long au commencement ou à la fin dudit Ouvrage, foi soit ajoutée comme à l'original: Commandons au premier notre Huissier ou Sergent sur ce requis de faire pour l'exécution d'icelles tous actes requis & nécessaires, sans demander autre permission, & nonobstant Clameur de Haro, Charte Normande, & Lettres à ce contraires. CAR tel est notre plaisir. DONNÉ à Versailles, le trentiéme jour du mois de Novembre, l'an de grace mil sept cent cinquante-huit: & de notre régne le quarante-quatriéme. Par le Roi en son Conseil.

LE BEGUE.

Registré sur le Registre XIV. de la Chambre Royale des Libraires & Imprimeurs de Paris, Nº 437. fol. 387. conformément aux anciens Réglemens, confirmés par celui du 28 Fevrier 1723. A Paris le 5 Décembre 1758.

P. G. LE MERCIER *Syndic.*

www.ingramcontent.com/pod-product-compliance
Ingram Content Group UK Ltd.
Pitfield, Milton Keynes, MK11 3LW, UK
UKHW020554180726
13838UKWH00001B/243